新訳 孫子

「戦いの覚悟」を決めたときに読む最初の古典

兵頭二十八 訳

PHP文庫

○本表紙図柄＝ロゼッタ・ストーン（大英博物館蔵）
○本表紙デザイン＋紋章＝上田晃郷

はしがき――サイバー時代の政治にも通用する古典兵法

ミサイルは、発射命令を出せば確実に飛び出し、飛翔し、命中し、爆発するものとは限っていません。しかし、戦争の機械と機事《きじ》についてリアルに知らぬ人は、ついそのように錯覚しがちです。

軍隊は、上官が命令すれば、全員で何でも実行する――。そのように思っている人も多いでしょう。

しかし、近代的軍隊ですら、パニックになったり、命令に従わなかったり、暴走したりすることがあるのです。

ましていわんや、現代の諸国の勝手きままな大衆は、誰かが号令しただけでは、動きはしません。

おおぜいの庶民を、政治的リーダーが簡単確実に束《たば》ねられる方法は、まだ発見されてはいません。

古代シナの遊説家《ゆうぜい》は、他の世界の政治哲学者たちも試みたように、それを発見しようと模索しました。

その一つの成果が『孫子兵法』です。

「死地」をつくりだせる政治家しか現代の衆愚を権力源にはできない

古代シナの兵卒は、すなわち農奴でした。

農奴をかきあつめた部隊を、貴族の将軍が率いて、自国の勢力範囲外に連れ出す遠征戦争が、本書の「計篇」でいわれる「兵」です。

その遠征戦争の目的は、新たな農奴をできるだけ多数、獲得することでした。

金属器の普及にともなって、人手さえあれば開墾可能となる土地は、ありあまっていたのです。

ところが、農奴兵には、愛国心や忠誠心や勇気は、からっきしありません。

厳罰がこわいので、いやいやながら従軍しますけれども、内心では、いかに怠《なま》け、楽をし、怪我をせずに、逃亡や投降や裏切りをしてでも生き残り、家族のもとに帰れるかと、それだけしか、考えていませんでした。

そんな頼りにならぬ部下たちに、どうやってヤル気を出させて、敵部隊と生死をかけた激闘をさせることなどが、可能になるのでしょうか？

答えは、本書の「九地篇」で説かれているでしょう。

指揮官は、彼らを騙《だま》して、知らず知らずのうちに「死地」に投《とう》ずればよいだけです。

死地とは窮地《きゅうち》のことではなく、大衆を束ねる意識的リーダーにとっての理想的なシチュエーションのことなのです。

このような秘術を堂々と教えるテキストが、シナでは、古代から現代まで、全国の有力政治家たちによって、珍重されてきた。なんとおそろしい政治先進国でしょうか。

シナでは、政治家は、集団を、国民全体を、死地に投ずる方法を知っていなければならないのです。この大衆操縦術は、冷戦時代の核抑止戦略にも大いに有効でしたし、ポスト冷戦時代の対アメリカ外交でも有効なのです。くらべ見て、わが日本の現代政治家は、どうでしょうか？

戦前の中国国民党から今日の中国共産党までひきつづいている反日教育や反日宣伝は、まさに、愛国心のないシナ大衆を「死地」に投じて支配力を固めるための工作の一環です。『孫子』を勉強していなければ、日本人と日本国政府は、ひたすら彼らの遠謀に翻弄されるだけとなるでしょう。

『孫子』は、大衆時代の今こそ、再読される価値がある軍事外交マニュアルであるといえます。

「孫子」は、数十人いた！

齊《せい》の国に生まれて、春秋時代の呉《ご》の王様であった闔閭《こうりょ》（生年不詳〜前496年没）につかえた、孫武《そんぶ》（生没年不詳）という人物が、『孫子』の作者なのだ、と『史記』には紹介されています。

が、本書をお読みになればご納得いただけますように、「孫子」を名乗ったり伝えようとした軍事遊説家は、戦国時代の前後、何十人もいたのだと考えた方がよいでしょう。

そして、それらの「孫子」は、いつしか継ぎ合わされ、連接されて1冊の権威にまで大成したのです。その間、多数の無名の編集者が介在し、工夫をこらしたにちがいありません。

最終的に、後漢《ごかん》の末から三国時代にかけて魏《ぎ》の王（武帝）であった曹操《そうそう》（生155年～220年没）が保存をしたとされるテキストが、じつに西暦21世紀まで『孫子』として流行しております（ここでは「流行本」と総称します）。

ただし曹操自筆の『孫子』は伝存しませんので、わたしたちは、曹操以後に「曹操」を僭称《せんしょう》した後代の無名の編集者も、いままでの流行本に痕跡《こんせき》を残しているのではないかと、疑うべきでしょう。

1972年に前漢代の墓が発掘され、古い竹簡《ちくかん》の「孫子兵法」のテキストが部分的に、明らかにされてきました。本書では、もちろんその「銀雀山竹簡《ぎんじやくざんちくかん》」テキストを珍重して訳文に反映をしておりますが、わたくしは、この竹簡文が唯一正当な『孫子』なのであるとも思いません。

むしろ、この竹簡テキストと流行本の「魏武註《ぎぶちゆう》」とをくらべてみまして、「曹操」の加筆修正があまりに配慮が行き届いていることに、わたくしは吃驚《きっきょう》し、ますます、複数の偉大な「編集者」氏の存在を信じたのです。

ともかく、孫子は何十人もいました。「曹操」もまたその一人だったのです。それが分かった以上、わたくしたちは『孫子』を、もはや一天才の統一された思想として読もうとするのではなく、想像を絶した古代から届けられた、無数の軍事／政治思想の断片的な化石の標本集として、味読した方が有益でしょう。

【本書の特色】

●銀雀山竹簡と、曹操が編集した「流行本」を比較して、原初の構成や意義を可能な限り推理した。

●読めもしない「原文」の羅列を排して、内容がすぐに頭に入って血肉となるようにはからった。

編訳者　兵頭二十八　謹《つつしんで》識《しるす》

新訳　孫子——目次

第1篇

計

孫子いわく

遠征戦争は、共同体が滅びるか生き残るかの、分かれめにもなる、おおごとであります。

共同体は、共同体の神の意として遠征戦争をすべきかどうかをまず考えねばならず、またもし「する」とした場合、その戦後はどうなるのかについても、あいまいでない検討を終えておくべきであります。

そのためには共同体は、平時から、戦争の細かいところまで、明瞭に理解しているのでなくては、どうしようもなくなるはずであります。そのために、本書があります。

戦争をするかしないか、検討するのには、つづいて述べます5つのことがらによく目をつけまして、みはからうようにします。

その5つのうち、いくつまでが、はたしてわが共同体にとりまして好都合になっておるか、はたまたなってはいないのか、よくかぞえあげて、くらべかんがえねばなりません。

そのさいには、我《われ》と彼《かれ》との、いつわりのない実態、まじりけのないありさまを、たぐりよせるようにして求めなければ、はじまらぬのであります。

5つの着眼項目とは、「道」「天」「地」「将」「法」であります。

まず「道」とは、政治の行なわれ方です。指導する者とされる者とが、目的のために、一心同体になれる政体。これが、戦争で負けぬためには、理想的です。高級官僚から無職遊民《ゆうみん》まで、共同体の全成員が、死も生もともにすることができ、特に、兵卒《へいそつ》を構成する多数の下層民が危険を前にしておそれひるまなくなっている。

このような理想的なコンディションに、はたして我《われ》および彼《かれ》の政体は、近いでしょうか、遠いでしょうか。まず、それをみきわめます。

次に「天」とは、季節、寒暖・晴雨・明暗・乾湿《かんしつ》・干満・風などの天象、夜昼の時刻、気候の順・不順、突発的な天災の有無、農作の豊凶、そして、彼我《ひが》の準備態勢が、狙ったタイミングに間に合うか否かを、みきわめることであります。

兵頭いわく

1972年に、昔の「齊《せい》」の国にあたる銀雀山《ぎんじやくざん》というところで、前漢代の墓が発掘され、中から「孫子兵法」の竹簡の一部が出てきました。つまり、およそ1800年前に曹操（後漢〜三国時代の魏の王で、死後追号《ついごう》されて「魏武帝《ぎぶてい》」）が編集・保存して以来世界に流行してきた『孫子』のテキストよりも、もっと古い形を伝えている可能性のある残簡《ざんかん》です。そこには、以上の文に続けて「順逆兵勝也」と書いてあることが判りました。

昔から、愛民のため冬と夏は遠征しない（『司馬法』）、ですとか、冬は北国を征伐せず、夏は熱地を征伐しない、といった常道がありました。そうした常道に従うこともあり、あるいは反して勝つこともあるんだ……という意味でしょうか。

大きな気候の変化は、人間社会そのものを変えてしまいます。そもそも紀元前550〜500年になぜ孫子やヘラクレイトスの思想が出たか。それは地球寒冷化で南方に可耕地が増え、人口が膨張し、それによって権力（飢餓と不慮《ふりょ》死《し》の可能性からの遠さ）の争われ方（すなわち政治）も、激変していたためです。

「地」とは、土地が高いか低いか、スペースは広いか陜《せま》いか、距離は遠いか近いか、地面の状態は人車《じんしゃ》が進退しやすいか、し難《がた》いか、その場所で軍勢の給養《きゅうよう》が可能でしかもあちこちへ交通できる要衝《ようしょう》か、それとも不毛で水もなかったり、他にはどこにも通じない行きどまりのような場所であるか、などをみきわめることであります。

「将」とは、戦争を立案したり、ある規模以上の部隊の指揮をとる公人です。

その将たちが、万事にぬけ目がないかどうか、また、部下の功労と不手際とをよく判定でき、部下がその命令をすべてためらわずに実行するかどうか、また、周辺国の有力者たちもその公人の発言と実行力を重くうけとめるか否か、また、未来の国民を安《やす》んずるために、一時的な憎まれ役を買って出て、たとい悪意あるマスコミや俗人愚物からの非難を一身に浴びてでも思い切った正しい措置を命令することができる性格なのかどうか、をみきわめるのであります。

「法」とは、共同体からひきつれていく部隊に対するとりしまり、遠征途中で宿営する地方の住民たちに対するとりしまり、他の共同体からさし出されてきた部隊や労役力を味方として迎え遇《ぐう》するときのとりしまり、などであります。

その3つを含む、あらゆる局面で、統制が、出征軍の司令官たちによって、不都合なくできそうであるかどうか、をみきわめるのであります。

兵頭いわく

なにごとも、統制の担保は、罰則とその運用であります。これは、上長者《じょうちょう》が臨時の創意で新制することもありますけれども、たいていは、昔からその国軍が伝統として築いてきたしきたりや制度、尊重されてきた作法があり、それらを基礎にしなければ、大軍はうまく動きはせず、大戦争は乗り切れるものではありません。天才的な個人の力量を以《もっ》てしても、急にどうにかできるものではなく、できるとしても限度があるのです。

そこで、開戦前から、罰則が過不足なく整っており、その運用が確実に行なわれていて、もし国法や軍法に違反する者があれば、間違いなく罰せられるようになっているかどうか、を、我と彼の双方につき、偵知《ていち》しなければなりません。

およそこの5つのこと、かつて聞いたことがないなどという将はおりますまい。

要するに、これらをよく知りきわめている者は、勝ちます。

これらをよく知りきわめていない者は、勝ちません。

さて、次の真相を、事前によく調べることであります。

ひとつ。軍略にヨリくわしい政治家が指導しているのは、我《われ》か、敵か。

ひとつ。軍令当局と主な軍司令官が有能なのは、我か、敵か。

ひとつ。時節と地理とが、ヨリ有利であるのは、我か、敵か。

ひとつ。軍人や部隊の規律がヨリ厳重に保たれているのは、我か、敵か。

ひとつ。将兵が、ヨリ精到《せいとう》に訓練されているのは、我か、敵か。

ひとつ。賞罰が妥当でハッキリとしているのは、我か、敵か。

わたくしは、これをもちまして、戦争になった場合の、勝ち負けを予知するのであります。

兵頭いわく

原文に「故」とありますところ、これを日本語で「ゆえに、」と訳してよい場合も稀《まれ》にあるのですが、『孫子』のほとんどの箇所では、文頭の「故」を、何か意味のある語として読んではいけません。多くの箇所では「故」は、〈ここから、別な資料からの「カット&ペースト」が始まっています〉という、いわば段落記号として、編纂《へんさん》者によって付けられたものです。じつは「孫子」は何十人もいて、それぞれに特色ある名言を伝えていたのです。それを、無名の複数の編纂者があたかも一連であるかのように「切断&配列」した集積が『孫子兵法』です。歴史上の「孫武《そんぶ》」は、編纂者の一人でした。ただしこのレベルになれば編集もまた偉大な創作に近くなることは、フランス人思想家なら認めるでしょう。古代では、竹簡にしろ帛《はく》（絹布《けんぷ》）にしろ、貴重品でした。貴重でなかったら、「故」の字ではなく、スペースや段落で区切りをつけたところでした。切り貼りをした編纂者が「ゆえに」と読ませたかった箇所もあるでしょうが、わたしたち解読者は、そこから別な思想の断片が示されるのだと意識して読んだ方が良いでしょう。

また、流行本の『孫子』には、「ひとつ。兵隊と銃後《じゅうご》が強そうなのは、我か、敵か」との一項もあるのですが、それは銀雀山出土の竹簡には、無いことが判明しました。これをどう解釈すべきでしょうか。何十人もいた孫子の一人が、そのようなことを語ったのかもしれません。また、編集者の一人、たとえば曹操が、親切心から、自分で新規な一項を考えて挿入したのかもしれません。

貴国の軍令当局が、こうした事前の彼我《ひが》の内実の分析についてわたくしの説《と》くポイントをお聴きになり、それはもっともな着眼であり不可欠な作業であろうと価値をお認めになるのでしたら、戦争には勝てます。

貴国の軍令当局が、そんな事前の考究をしてもしようがないと思うのなら、まあ戦争には敗けますよ。

兵頭いわく

孫子は何十人もいました。皆、あちこちの君侯《くんこう》に、自分を売り込んでいたのです。このような台詞は、諸方の宮廷で記録されたことでしょう。

さてわたくしの申します優先順位に従われ、まずこれら事前の考察をよくしていただいたとしまして、さらば、その次の段階として、「勢」をつくることにつきまして、述べるといたします。

これまで述べました「計」は、彼我ともに深く隠されている構造や静止した状態、動かせない諸条件を読みとることでありましたが、「勢」は、それに加えまして、その〈静的な有利・不利〉以上のことを、やってくれる要素なのであります。

「勢」とは、人のするどい才覚・発想・操作によりまして、味方の軍に、臨機《りんき》に、有利な立場や錯覚をつくり出してやるのであります。

兵頭いわく

複数の核物質が安定的に混在しているとします。それに何かの外力《がいりょく》を加えますと、急に反応が始まり、そうなったら、もはや、連鎖反応がいきつくところまで、つまり「爆発」が終わってしまうまでは、途中で反応を止めることができません。これまた「勢」であります。

計は統計学でありまして、実態は確かにあるのですが、目にはそれが見えにくいものです。勢いは、統計数値と無関係に外側にダイナミックにあらわれるもので、静的な条件の有利を、いっそうたすけるものであります。

たとえば北朝鮮が核実験をしたと判明したとき、ただちに内閣総理大臣が「日本国も核武装する」と言明すれば、アメリカだろうとシナだろうと国内の反日マスコミだろうと、誰もその流れを止めることなどできなくなったはずなのであります。しかしその絶好のタイミングを、怯懦《きょうだ》や不見識や無責任から見送ってしまえば、なかなか靭《つよ》い「勢い」をあらためてつくりだすことは難しくなってしまう。この機微を若い時の経験で体得できていない政治家には、国民の安全を守ることなど、とうてい覚束《おぼつか》ないのであります。

軍記物が伝えるところでは、織田信長が、隣国が攻め寄せてきたときに、〈地の利をたのみにして、ぐずぐずするようなことがあると、味方の将士《しようし》は動揺する。だから、もし数的に劣勢でも、すぐに主君みずから出馬して敵を迎撃するようにしなければならない〉と言ったとか。この作者には「勢」が分かっていますね。

1907（明治40）年の「帝国国防方針」を決めるときにも、「国民ノ性格ニ背《そむ》ク戦法ハ古来其《その》成績ヲ得タルコト稀ナリ」と戒《いまし》められました。すなわち、沿岸で守るだけの大戦略を採用すれば、かつての幕末の四国連合艦隊との戦争のときのように、町人どもは戦争をただ見物するようなことになって、とても国防にはなりゃせんだろう、というのです。陸軍も海軍も、こっちから積極果敢に攻撃に出る戦争しか勝ち目はないという結論を、山縣有朋《やまがたありとも》は、みずからの経験から、下していたのです。彼にも「勢」の意味が分かっていました。

『孫子』には「利」の字は何回も出てきます。それは「メリット」の意味と解してよい場合が多いのですけれども、「人がする、するどいオペレーション」という意味が込められている場合もあります。

たたかいに勝とうと思ったら、とにかく、敵が予期しないことをおやりなさい。

兵頭いわく

予期させないこととは、当然、同じことを何度もしないことでもありましょう。敵からは、常に変化しているように見え、はかり知られません。

夢が醒《さ》めてから本人で吟味してみると、かなり突拍子もない展開だったという気がするかもしれません。が、それもやはり、自分の意識が連想で創り出した範囲内。つまり「想像を絶《ぜっ》し」てはいません。チェスの名人なら、次の一手であり得る展開はほとんど予期してから自分の動きを選択しているので、単純な奇襲はないでしょう。しかし戦争で考えてよい手は、チェスの差し手とは比較にならず多岐《たき》なのです。敵の指揮官が「夢にも見なかった～」という手につ

——いて、直感を働かすようにすることが、指揮官の習性でなくてはなりません。

たとえば、ある作戦を遂行《すいこう》可能であるときは、敵には、それはとてもできないことなのだとみせかけておけば、敵は裏を掻《か》かれます。役に立つものを、敵には、役に立たないものだとみせかけておけば、敵は裏を掻かれます。

近いものを遠いようにみせ、遠いものを近いようにみせてやれば、やはり、敵は裏を掻かれます。

敵の智恵をして、敵をまちがった行動に誘導せしめ、敵が意表を衝《つ》かれて混乱したところで、我《われ》が勝をおさめます。

敵が充実していて隙《すき》が無ければ、我《われ》は警戒し、迂闊《うかつ》に打ちかからぬように心し、逆に、敵の策略に対して備えます。

敵が強いときは、うまくそれを避けてしまいます。

敵が怒っているなら、その矛先を逸《そ》らして、気勢をよわめてしまいます。
彼が備えをしていないところを攻め、彼の不意を衝きなさい。

兵頭いわく

「明白に敵に有利で、われわれに不利な時期に、戦闘をうけて立つことは罪悪である」とはレーニンの言葉だそうです。

　銀雀山の竹簡を解読したところ、流行本にあります３句：「敵が慎重で不活発なときは、おごりたかぶらせるようにし、敵の軽挙をひきだします」「敵の国が、人民を安楽にさせているならば、これをすっかり疲弊させてやります」「敵陣営内が緊密に結束をしているときは、彼らの間の信頼関係を、わが宣伝およびさまざまな工作員の働きかけにより、対立関係へ変え、正気のまとまりを破壊します」は、どうやら含まれていなかったようです。

　この、曹操が付け加えたのかもしれない３句のうちの第１句に「卑」という字があり、旧来大方の解説は、この「卑」を、〈こちらが低姿勢を装《よそお》う〉詐術《さじゅつ》ととるのですが、わたくしは、これも敵の状態についての表現であろうと考えます。今日、「卑」の字には「価値が劣る」という意味がありますけれども、『孫子』はすこぶる古いテキストです。「卑」のもともとの意味を考えれば、これは敵こそが低調なのでしょう。

慎重で不活発な敵軍は、わが軍にとって何が困るのか？　春秋時代からのシナ軍の包囲戦術としては、我《われ》が罠の陣をひそかに設けておいて、そこに敵軍の方から進んで入ってきてもらうというのが、おきまりの勝ちパターンでした。特に「車戦」（弓や長柄《ながえ》の武器を持った上級戦闘員数名が、馬の曳《ひ》く車の上に立ち乗りし、敵に迫って交戦する）では、敵の貴族階級の装備である戦車部隊が勝負を避けようと思っているうちは、いつまでも決戦の機会が生じず、戦争が時間無制限の長期消耗に陥って、おもしろくなかったのです。

なお、古文辞《こぶんじ》に通暁していた荻生徂徠《おぎゅうそらい》は『孫子國字解《こくじかい》』におきまして「撓」の字を「みだす」と訓《くん》じました。銀雀山の竹簡ではその字は「譊」だそうで、辞書的な意味は「どなる・ののしる・さわがしい」です。わたくしはここを「たわむ」「よわめる」の意味に取りたく思うのであります。つまり、春秋時代以前の「つくり」の意味が、その文字の中に生きているのではないかと想像しました。

ただしこのような戦争のプロの勝ち方は、その時、その場、その相手によってすぐに、構成を変化させる調節が図に当たった結果なのですから、出陣の前に、いつ、どこで、どうしなさいよ、などとわたくしが司令官にアドバイスすることは、できません。

共同体の祖霊《それい》を前にしての会議で、政治リーダーが戦争するかどうかを検討する「廟算《びょうさん》」。

この開戦前の廟算の段階で、「勝てる」と確信がもてますのは、お味方が、叙上《じょじょう》の諸要件のうちの多くを、みたしているときであります。

お味方が、叙上の諸要件のうちの少ししかみたしていなかったり、いわんやまた、いくらかぞえても、お味方が一つの要件もみたしていないのでは、どうして戦争して勝ち目などあるでしょうか。遠征戦争にさきだちます国家意志の検討会議では《wishful thinking》（願望的な解釈／観測）こそは厳禁なのであります。辛目《からめ》辛目に、判定するのでなくてはなりません。

わたくしは、そのようにして、戦争の勝ち負けを占っております。

――「計」篇 おわり

兵頭いわく

1979年のソビエトのブレジネフ書記長にとって、アフガニスタンへの軍事干渉は、ポーランドへの軍事干渉よりも、小さくて楽なことだと思われたに違いありません。しかし、アフガニスタンにソ連軍を進駐させてしまった結果、さしものソ連邦すら崩壊への道を転がり出したのであります。まさに遠征戦争は、その共同体の存亡を左右します。

第2篇

作戦

孫子いわく

およそ大遠征を行ないますには、馬で曳かせる戦車が数十数百台、物料運搬用の荷車が数百数千台、人員の装具や武器は数千数万も必要になります。しかもその軍隊を、300km~500kmも推進するあいだ、糧秣《りょうまつ》の補給を絶やすことができません。部隊がわが国境内にあるうちから、重い負担がかかるのであります。

わが軍に協力を申し出た異邦人部隊へも、ただちに現金・現物の支給をせねばなりません。

弓矢の製作に不可欠な膠《にかわ》や漆《うるし》、車輛や装具の材料も、国内の領民に供出させることになります。

戦争がおわるまで、こうした厖大《ぼうだい》な財政費出は、1日も止めることができないのであります。

そのようにして、はじめて大規模な遠征をおこせるのだということを、ゆめ、忘れてはなりますまい。

—兵頭いわく

この「作戦篇」では、すでに廟算《びょうさん》の結果、開戦と決断された後、いよいよ、ゼロから戦争を準備し用意を整える、そのさいの注意点を、説くのでありま す。

戦争をなしとげますには、まず、準備から立ち上げねばなりません。これが「作」の意味であります。「オペレーション」の意味ではありません。

荻生徂徠は、原典に「千里」とあるのを、これは「大数」であろうと解釈しつつも、念のため考証学的な換算も試み、その上で、だいたい人が歩いて10日かかる距離にほぼ一致するのだろうと書いております。兵隊が所帯道具を持って連続して歩けるのは、1日に30〜40kmくらいではないでしょうか。もちろん、シナ古代の1里と日本近世の1里は違う長さなのであります。

シナの弓は、合成弓と申しまして、水牛の角、羊の腱《けん》、材木等を、膠の接着力で層状に張り合わせて、コンパクトなサイズながら強靱な弾発力を発揮するのであります。ただし膠は高温や多湿の環境では溶解してしまいますゆえ、防湿のために、外側に漆を塗らねばなりませぬ。材料あつめからして、たいへん手間のかかるものですから、８世紀に吉備真備《きびのまきび》（生６９５?〜没７７５年）らが

――唐からその製法を学んでまいりましても、とうとう本朝《ほんちょう》では普及をしなかったほどなのであります。

出征をして長期戦になれば、もちこたえて勝ったとしても、わが軍はくたびれはてて衝撃力をなくし、兵器はボロボロになり、将兵は元気をなくしてしまい、戦争は停滞します。

特に、敵の城塞都市を攻めますと、野戦よりも甚《はなは》だしく、わが兵士の戦意が奪われてしまうことがあります。

わが軍隊を長期間出動させたままにしておきますと、かならずや国力は失なわれてしまうのであります。

もしそうなれば、近隣のあちこちの有力集団が、わが共同体の弱り目につけこみ、戦力を動かしてわが共同体に害をなしてやろうと思うでしょう。

かくなったあとでは、いかなる智者といえども、その最悪の事態をとりつくろうことができなくなります。

ですので、こちらから遠征をしかける戦争は、完全にうまくいっている場合をのぞいて、サッと遠征軍を呼び戻してしまうのがコツで、遠征をしておいて、退却・撤収をためらってながながと敵国人と根競《こんくら》べをするような戦争指導をやってはいけません。

兵頭いわく

『孫子』のいう「拙速《せっそく》」とは、第一義的には、早く遠征戦争を始めてしまえという意味ではないです。そもそも最初に廟算して、天の時をもみはからってから開戦しているのですから。その開戦が早すぎたり遅すぎたりすることを、この「作戦篇」の段階では、もう論じていないのであります。

「拙速」とは、〈いったん始めてしまった外征戦争は、及ぶかぎり短時日で終了させなさい。そのためには、遠征の結果が十分か不十分かなどを、気にかけていてはならない〉、と強調したのであります。

外征を短期間で終わらせる一方法として、進撃をすばやくすることも、あるでしょう。しかし、敵も自国領土を守ろうとしているのですから、進撃速度をいくら上げようとしても限度というものがあるでしょう。政治家や司令官の裁量によって、確実に変更の余地があるのは、撤退のタイミングです。

その素早い撤退の好模範があります。1979年の鄧小平《とうしょうへい》（中共軍）によるベトナム侵攻です。惨憺《さんたん》たる大損害で、北京にとってはかなり不本意なキル・レシオ（彼我の殺傷比率）しかあげられませんでしたが、ぐずぐずすればのっぴきならない長期戦にはまり、ソ連の術中に陥ることは必定ですから、最初から、一撃離脱だけを考えた作戦でした。

兵頭は断言します。近い将来、シナ軍が台湾に上陸侵略することはあり得ない。それは米軍のわずかな介入によって、時間無制限の長期戦争になってしまうに決まっているからです。孫子は専《もっぱ》ら遠征について述べており、国土防衛戦については指針を示していませんが、防戦に関しては「巧久《こうきゅう》」（持久）は考え得るでしょう。したがいましてシナ軍は、必ず、台湾国民が弾道弾等の脅しを受けて動揺し、政治的に北京に屈服し、全国民が、シナ軍を迎え入れてもよいだろうという心境になったあとから、無血で台湾に進駐し、征服するつもりでいます。

―― いったい日本人は、沖縄や日本本土に対する、このようなシナ軍の間接侵略をどのように防ぐべきか。それは、兵頭の他の著作をお読み下されたい。

長期戦で潤益を得た共同体など、過去にありません。

遠征のそうした損やわざわいについて具体的に知らない人には、遠征のうまいやり方もわかりっこありません。

遠征戦争のための徴兵の、動員および戦場への投入は、失敗しようと成功しようと、ただ一回で済ますべきです。また、遠征部隊に対する食糧の追送運輸や、そのための増徴《ぞうちょう》は、際限無く命ずるつもりでいてはなりません。

軍資金や、武器・車輛の素材などはもちろん自国の領内であらかじめ調達していきますが、遠征部隊が必要とする糧秣は、その武器や道具やカネをつかって敵の領地において奪ったりあつめたり購《あがな》ったりして、間に合わさせるように考えなさい。

遠くの地に軍隊で遠征をしかけ、その遠征軍のための後方兵站《へいたん》を維持することは、歴史上、常に、国家のあらゆる役所を業務困難へ追い込んだものです。

兵頭いわく

春秋時代以前のシナ「中原《ちゅうげん》」の軍糧は、畑で栽培された雑穀で、その代名詞が「粟《あわ》」でした。副次的な糧秣《りょうまつ》としては豆類だったろうと考えられるところです。馬の餌《えさ》である秣《まぐさ》は、道端の野草でも良いのですが、臨時に穀物や豆(濃厚飼料)を与えれば、スタミナが倍増します。牛は、草のみです。

孫武がこの兵法書を王様に献呈しました「呉」の国、つまり揚子江《ようすこう》の最下流地帯では、稲や麦の類も栽培されていたと思われますが、まだ鉄器が少ない頃で大規模土工は楽ではなく、そのため農地排水溝網《もう》(クリーク)も未発達だったと想像されますから、後代よりもはるかに、穀物の反収《たんしゅう》は少なかったに違いありません。したがって、土地面積あたり、または人口あたり、催行《さいこう》できた遠征の部隊規模も、後代よりずっと小さかったでしょう。けれども、その条件は、敵国もまた同じでした。鉄器が増えて補給力が増せば、お互いに部隊の規模も大きくなるわけです。その兵站の負担が国家の民生《みんせい》におよぼしてしまうマイナスの深刻さは、古代からちっとも変わるものではありません。

遠征軍の近傍《きんぼう》では諸物価は暴騰します。それが波及し、さらに広い地方で諸役所《しょやくしょ》の数年分の業務予算としてストックされていた資金がたちまち底をつきます。役所の金庫・倉庫が空《から》になると、役所は、すぐに平時の公定額以上の追徴税《ついちょうぜい》をとりたてます。そうなったら、住民が自家消費分としてたくわえていた食料も家畜もぜんぶ供出せねばならず、国内の民力はゼロになります。行政のための資金の6割も、戦費に消えてしまうのです。

兵頭いわく

原文の「百姓」とは、地方の役人たちおよび役所の総称でしょう。庶民のことではありますまい。

また流行本では「十去其七」になっていますところ、銀雀山竹簡では「十去其六」と書いてあったようです。あるいは曹操が「財が殫《つ》きる」ことに関して

——独自な感慨があって、強調がしたくなり、数値を「7割」に上方修正したのでしょうか。

遠征は、中央の王室の財産も、広範囲に減耗《げんもう》させるのであります。もともと王室が所有している車輛は、ひとつのこらずバラバラにこわれてしまいます。馬はすべて痩《や》せ細って、何にも使えなくなってしまいます。遠征のためにととのえた、よろい、かぶと、弩弓《どきゅう》と矢、長柄の武器、楯《たて》、攻城用のやぐら、あちこちの村落から徴発した牛や牛車は、その6割が、けっきょく消滅してしまうのです。

考えの深い遠征軍司令官は、敵国の糧秣を奪って、自分たちの遠征軍の人馬を給養することを、ものすごく積極的に追求するものです。

敵地から、ひとかかえの糧秣を奪いとることは、本国の兵站基地からその20倍の糧秣を輸送する手間を省《はぶ》いたことになります。

なんとなれば、補給部隊の人馬も、やはり人並みに喰わねばならず、積み荷を消費しながら、味方の遠征部隊に追いつくころには、当初、積載した糧秣は、「二十分の一」に減ってしまっている、という次第だからです。

兵頭いわく

馬は、人の口糧《こうりょう》のざっと7倍の重さの秣《まぐさ》を、毎日消費します。秣は、麦藁《むぎわら》や豆がらでもよいのですが、秋の敵地の畑を荒らしてよいなら、濃厚飼料である穀類をそのまま与えて馬力を強化することができ、わが軍隊としては好都合です。

敵をうちまかすのは、我《われ》の一致して抑《おさ》えられない怒りです。その怒りを、遠征で疲れているはずの部下将兵の間に随意《ずいい》に喚起させることができるかどうかは、司令官の演出力にかかっているでしょう。

他方で、敵をその兵器と人民ごと、我が遠征軍に投降させてしまうものは、我の怒りではありません。それは、たからを分配することであります。それにより、敵国の戦争ポテンシャルを奪ってしまう、すこぶる巧《うま》いやり方ともなるのであります。

敵の有力貴族がひきいてきた部隊が、戦車10両以上の単位でこちらの戦車部隊のもとに投降してきましたら、その敵国の将士たちを、まず大いに褒賞《ほうしょう》して、たからを分け与えてやることです。

そして、敵の軍旗や所属シグネチャー（合印《あいじるし》）を取り捨て、わが軍の物を代わりに持たせ、投降戦車には監視役としてわが国の者を多少混ぜて乗車せしめる。

敵の随伴歩兵も、決して悪くないように扱ってやりなさい。

これぞ、〈戦いに勝ってますますこちらが強い国となる〉と申すコツであります。かきたてられた怒りのままに、戦意をやや減じた敵人までこらしめてやろうと執念深く刑殺《けいさつ》破壊に励《はげ》んだり、遠征戦争を長期化させますと、とても、こうはまいりません。

兵頭いわく

最初に大部隊を率いてそっくりわが軍に投降した敵将軍を、最も手厚く遇して宣伝するのです。それが知れ渡って、敵の他の部隊も、続々とわが軍に降伏を願うようになるでしょう。むろん、その後からの降人《こうじん》たちを、ことさら冷遇したりはしません。それなり十分に酬《むく》いるわけですが、しかし、最初に投降した敵将ほど褒賞しないのは、宣伝戦上の当然の気配りであると申せましょう。

遠征戦争は、このように敵の有力部隊や人民を次々と服属させて勝つときにのみ、もうかるのであります。

そしてもし遠征がそのような展開とならず、長期戦となってしまいますれば、このようなもうけは、ぜったいにトータルではありえぬ話と、過去数千年来、古今東西の戦史の教則として、決まっているのであります。すぐに遠征軍を帰らせなければいけません。

兵頭いわく

原文では「兵貴勝、不貴久」とありますところですが、ここに出る「貴」は、「もうかる」の意味であろうと、わたくしは解釈をしました。

数十人もいた孫子のなかには、アッシリアなど過去の中東の諸民族の車騎《しやき》戦の知恵を伝えた物知りもいたことでしょう。旧著『軍学考』でも論じましたように、『孫子』の異常な古さを、ナメてはいけないでしょう。一個の孫武の当代かぎりの見聞《けんぶん》で、体系的な政治学の原則集が書き上げられたわけはないでしょう。彼らは、古代中東人の経験も寄せ集め、そのなかの秀でた思想のみを鏤《る》刻《こく》せんとしたのです。

黄河よりもユーフラテスの方が文明史の先進地だってことは、みなさんは御存知ですよね。黄河の最上流部分には、中東からはるばる逃げてきた民族も住み着いています。ちなみに孫武の出身地の「齊」の国は、黄河の最下流部分にありました。

なお、戦前よりシナ古文研究の泰斗《たいと》であった武内義雄氏は、この「勝」の字はもともと「數（数）」の字であったに違いないこと、そしてまた「数」は「速」とも通じたことを、説得的に論述しておられます（『武内義雄全集　第七巻諸子篇二』昭和54年刊）。「兵貴数」を私訳いたせば、「遠征戦争は、短切《たんせつ》に繰り返すがよい」となりましょうか。そのように語った「孫子」も、何人か居たことでしょう。武田信玄は、忠実にそれを実践していたように見えないでしょうか？

——

遠征戦争に関して、ぜったいやってはいけないことと、是非とも試みるべき手管《てくだ》、これらを知りつくしている司令官こそ、国家の大経世家《けいせいか》としてふさわしい。そのような人材には、共同体の安危をはかる識見があり、まさに生きた守護神ともいわれるべきであります。そういう人がいるかいないかで、共同体が安寧《あんねい》を得られるか、大災厄に際会《さいかい》するかは、決まってしまうのです。

——「作戦」篇　おわり

第3篇

謀攻

孫子いわく

遠征戦争をやるとなったら、このさい敵の国をできるかぎりそっくり吸収しようとかかるのが、すぐれた方針です。それに比べたら、敵の国を破《やぶ》ることなど、結果的につまらぬものです。

敵の軍隊を、大部隊でも小部隊でも、そっくり吸収してしまう。いやしくも5人以上の敵の部隊があって、それを我《われ》は壊滅させることもできるが、吸収することも可能だという場合には、必ずそれを吸収するようにしなさい。

兵頭いわく

なぜなら、できあいの人の組織というものは、ちいさな5人組でも、すごいことを為し得るものなのです。

百戦して百勝し、敵を全滅させても、それは最高にほめられたことではない。最後まで敵と闘い続けたりせずに、少しでも早いタイミングで敵の意思を変更させて、それで事をおさめてしまうことが、最高にほめられることなのです。

もっともすぐれた他国征服のコツとは、敵が我《われ》に対して何かよからぬことをたくらもうとしたとき、その気持ちのおこりばなで、先にその手の内を見透《みす》かして、先制的な対策を講ずることによって、敵のたくらみや抵抗を、甲斐《かい》のないものに変えてしまうことです。

兵頭いわく

城攻めの前によく考えろ、もっとうまいやり方がないか、というのです。原文の「伐」は、直撃してたおしてしまうことです。

その次にすぐれた他国征服のコツとは、敵が仲間を語《かた》らい結集しようとする動きを邪魔し、画餅《がべい》に帰《き》せしめて、その敵ひとりを孤立無援にしてやることです。

兵頭いわく

たいてい仲間と語らって戦争をたくらむものですから、その結束や相互援助、通商《つうしょう》などもさせない根回し外交工作が著効《ちょこう》があるのはとうぜんです。

その次にすぐれた他国征服のコツは、敵の野戦軍を攻撃して無力化することです。

最低最悪の、いちばんあとまわしにするべき決心が、よく防御されている要塞都市にあえて攻めかかっていくことです。

兵頭いわく

長篠の戦いで自滅した武田勝頼の采配は、城塞や設堡陣地《せつほじんち》への芸の無い正面攻撃でした。信玄の透徹した孫子解釈は息子には伝わっていなかったようです。

城攻めには、多くの特殊器材や土木工事が必要になるもので、その準備だけでも甚大な費用と時間を失なってしまいます。
長陣《ながじん》と兵糧の枯渇にイライラしたり、守備軍に嘲笑《ちょうしょう》されたりして指揮官が、たけりたって総突撃を命ずれば、蟻《あり》のように壁に殺到した部下兵卒の「三分の一」が命を落とし、なお、占領ができるかどうかはわからないのです。まあ、やらない方がよいです。

兵頭いわく

我《われ》の野戦軍が敵の都市に近づく途中で、その都市内の住民が我《われ》に降伏してしまうようにしなければいけません。城攻めを余儀なくされるのは、敵住民に抗戦意思があるからです。そうなっては、陣地に依拠する側が有利になるのはあたりまえのなりゆきです。

曹操は、この部分をもっと懇切《こんせつ》に解説する必要があると感じたのか、流行本において、「要塞や、城壁で護られた都市を攻め陥《お》とそうとするのは、どうしてもやむをえない場合にのみ、選択するのでなくてはなりません」という加筆

――をしているように見えます。銀雀山出土竹簡には、無い説明です。

うまい遠征は、合戦せずして敵部隊をおそれさせ、ちぢこまらせ、しりぞけ、あるいは帰服させてしまいます。

さらに、こちらの兵隊が城壁に攻めかかるまえに、敵の要塞都市を手に入れてしまいます。

さらに、他の共同体と長々と争わないで、それを崩壊させてしまいます。

常にこちらの充実した全力をもって敵に向かいます。そして敵のすべてを自分のものに吸収してしまいますので、結果としてわが遠征軍は、量的に減耗《げんもう》することもないし、かつまた、その意気と精鋭さが、にぶることがありません。

わが軍が人数で十倍うわまわっているときには、敵軍を包囲すると、敵は降伏するでしょう。

わが軍が人数で五倍うわまわっているときには、我《われ》の全力で敵を攻めてやると、敵は降伏するでしょう。

わが軍が人数で二倍うわまわっているときには、わが軍を2つの部隊に分割して、同時に敵軍の左右もしくは前後から連携的に脅威してやれば、敵軍は苦境におちいって、結局降伏するでしょう。

わが軍が人数で敵軍と同等であるときは、智恵を絞って、一撃離脱をくりかえしながら敵を翻弄《ほんろう》し、局地的に、敵の人数が我《われ》より少なくなる状況を創り出せば、なんとかなるものです。

わが軍が人数で敵軍よりもやや少ないときには、智恵を絞って、敵軍とのギリギリの間合いを保ち、追いかけてくる敵兵が疲れてきたり、あるいは敵の一部隊が局地的に我《われ》より少人数となる状況が生まれるのを待てば、なんとかなるものです。

わが軍が人数で敵軍よりもかなり少ないときには、智恵を絞って、敵軍とのじゅうぶんな間合いを保ち、交戦を避けるようにします。

もし我《われ》が少人数であるのに、敵からうまく間合いをとる機動をせず、あるいは敵との接触をたくみに避ける機動を嫌うとすれば、大人数である敵に包囲されてしまい、こちらが投降するしかなくなるのは、確かな帰結です。

兵頭いわく

シナ軍の動員ポテンシャル300万人以上に対し、ピーク時でも100万人にすぎなかった在支日本軍（支那派遣軍）が、シナ大陸で1937年から1945年まで優勢であったのは、いくら包囲され少人数になり指揮官が戦死しても、兵卒が誰も降伏はしないという、シナ文化から見ればあまりに異質な規律と団結があったからです。シナ軍は、人海《じんかい》突撃を反復しさえすれば、日本軍を確実に殲滅《せんめつ》できたはずです。が、シナ軍の将軍たちは、その合戦で生じてしまう部下や装備や弾薬や自己権力の減耗を、甚《はなは》だ嫌忌《けんき》したのでした。

戦争の司令官は、共同体をたすけ、救う役目です。その司令官と共同体の決心がぴたりと一致して互いに忠信《ちゅうしん》であれば、国は強まります。
もし司令官と共同体との間に決心の不一致や相互不信があれば、国は弱まります。

政府のせいで、味方の部隊をさんざんな目にあわせてしまう場合があります。たとえば、部隊が進んではいけない状況なのに、進め、とせきたてること。たとえば、部隊が退《しりぞ》いてはいけない状況なのに、退け、とせきたてること。牛の鼻綱《はなづな》でも引くかのような気持ちで、はるか遠い本国から軍隊を動かそうとすれば、戦争には負けてしまうでしょう。

宮廷や議会の作法で大国の全軍を統御《とうぎょ》したり駆使することなどできないのであります。軍隊の実際を知らない〈口《くち》だけ才子《さいし》〉を、遠征中の、まだ無能ぶりを実戦で証明したわけではない司令官にとってかえる、そのような任免をすれば、将兵はすっかり心理的に不安定になり、部隊は一致団結して戦えなくなります。

そんなふうにわが国の軍事力の運用に確乎《かっこ》たる方針がないと見られたら、周辺の武装集団や有力共同体がすぐに干渉を考え、わが共同体の戦争は、思い通りに行かなくなってしまいます。

兵頭いわく

原文の「三軍」とは大国の全軍のことです。『論語』にも「子《し》、三軍を行《や》らば、則《すなわ》ち誰と与《とも》にせん」と出てきます。大国の標準とされた「周」の場合、だいたい3万7500人だった、ともいいます。

原文の「同」という字を、遠征中の更迭《こうてつ》人事、と解しました。シナの古代戦史では、作戦開始後の将軍の免黜《めんちゅつ》がやたらに多く、しばしば、それが悪い結果になっております。

荻生徂徠は、このくだりは「軍監《ぐんかん》」や「政治将校」の出しゃばりの弊害を説いたものだ、と見ています。

敵と戦うべきなのか戦うべきでないのか、そこが判断できれば戦争は、うまく、なしとげられます。

大部隊と小部隊の機能の違いを知っていれば、戦争は、うまくなしとげられます。

指揮する者とされる者とが、等しい目的意識をもっていれば、戦争をうまくなしとげられます。

こちらがよく考えて備えていることを、敵がろくに考えもせず心配もしていなければ、戦争をうまくなしとげられます。

遠征軍をひきいる司令官が、何もかもわかっていて、本国政府がその司令官に戦闘の作法を任せるのならば、戦争はうまくなしとげられます。

以上の数綱目《こうもく》も、戦争をうまくなしとげるために、学んで研究しておくべきことです。

遠征戦争は、彼を知り、己《おの》れも知っていれば、凱旋《がいせん》までに途中で百度も合戦をすることになろうとも、国家は心配することはありません。

彼をよく知らず、己れをのみ知っているときには、遠征戦争の結果は、予断を許しません。

彼を知らず、己れすらも知らないで発起《ほっき》された遠征戦争では、合戦のたびに、国家の滅亡がかかるようなことになるでしょう。

兵頭いわく

念を押しますが、孫子は「百回外征しても」とは言っていません。また、本土防衛戦争のことも、ここでは論じてはいません。

この最後の有名なブロックが、「故に曰く」で始まっていますために、これまでの解説者は、〈ここは孫武が過去の名言を引いているところだろう〉と評釈してきました。

そうではないのです。『孫子』のほとんどの文章は、孫武以前の過去から受け継がれ、数十人の孫子たちによって工夫・改変されながら各地に説かれた成句であり、それらを集大成したものが『孫子』なのです。

そして編集者が、ところどころで、「カット&ペースト」らしくなくして脈絡《みゃくらく》をこじつけてやれとか、メリハリを与えてやれと考えて、いくつか字句を修正したり加筆しています。この「ゆえにいわく」も、無名の編集者の加筆です。

すべての篇の最後のブロックには、編纂者が〈これは印象的だな〉と感じた

──文章が撰《えら》ばれていると思われます。

──「謀攻」篇　おわり

第4篇
形

孫子いわく

昔から合戦じょうずといわれた将軍たちは、まず自分たちの部隊が敵にまんまとしてやられないような手配りをしてから、敵部隊をうまくやっつける隙《すき》を探すようにしておりました。

我《われ》の部隊がやられないような手を講《こう》ずることは、合戦じょうずな将軍たちには常にできます。

しかし、敵部隊をうまくやっつける方法は、いつでもすぐ見つかるものじゃありません。

敵がどういう状態で、こう来てくれれば、勝つ、というみきわめまではつけられるのですけれども、そのように敵部隊がなってくれるかどうかは、敵の将軍の自由意思しだいであります。

ですから、わが将軍が敵に勝つ形をよく分かっていることと、わが将軍がじっさいに敵部隊をやっつけて帰ってこられるかどうかは、別な話。このように、ご理解ください。

こちらの部隊に守りがあるために、敵は我《われ》をやっつけることができないのであります。

しかし、敵部隊をやっつけようと思ったなら、どうしてもこちらから攻める必要があります。

あらゆる場所をただ守ろうとすれば、あらゆる場所に兵力を配《はい》することになり、すぐに我《われ》の兵数が足らないことになってしまいます。

しかし、うまく守る方法を知っている指揮官ならば、兵数は足りるものです。並《なみ》の指揮官ですと、攻めに出た場合は、まもなくして兵数が足らなくなってしまうものです。

しかし、こちらから攻めていく場合、兵数を、現《げん》にてもとにある分だけで、なんとか間に合わせるうまい方法が、ないわけではありません。

兵頭いわく

流行本では「守則不足、攻則有餘。」とされているのですが、この部分が銀雀山竹簡では「守則有餘、攻則不足。」となっていたことが判明し、多くの人が「謎が解けた」と叫んだと思います。

曹操は、読者が是非『孫子』の全体の思想を把握して欲しいと願い、ここで浅薄な早合点をさせぬようにと、気を回して、読者に自分で深く考えさせるような編集を試みたのだと、わたくしには思えます。「守れば余る。攻めれば足りぬ」では、あたりまえすぎますからね。名著『孫子』ならば、その先、その奥を教えるべきなのです。

うまく守るコツは、わが将兵がどこにいるのか、そしてどこを移動しているのか、けっして敵にはわからせないようにすることです。そのようにすれば、数的には劣勢で、しじゅう逃げ回りながらでも、味方を一兵も損《そこ》なうことなく、勝ち続けることができます。

兵頭いわく

流行本では、この教訓を防禦のためと攻撃のためとに分割して、途中から「うまく攻めるコツは、わが部隊が次にいつどこから敵を襲うか、わからせないようにすることです」と、（おそらく編集者の曹操が）改めていました。

銀雀山竹簡によれば、そのくだりもすべて、敵中における防戦を余儀なくされてしまっている、数的に劣勢な遠征部隊のための教訓だったのです。

庶民には、終わった戦いの総括をすることができないものです。

そんな庶民と同じような勝因分析しかできないようでは、とても、軍事の計画や指導や指揮は、つとまらないのであります。

合戦に勝ったあと、庶民が「こんどのは、勇《いさ》ましく、たくみで、ねばりづよいたたかいぶりだったな」などと寸評するとすれば、それは、二流以下のまずい戦争計画であり、あるいは戦争指導であり、あるいは戦闘指揮であったと反省せねばなりません。

戦闘の上手な者は、あまりにもあっけなく勝つので、勝ってもあまり偉くもないように誤認されます。

ふつう、太陽が見えるからといって、その人を「目ざとい」とは呼びませんよね。また、カミナリの轟《とどろ》きが聞こえるからといって、その人を「耳ざとい」とも呼びません。

昔から、戦争が上手な人は、勝ってあたりまえな形につけ入って勝っているのです。だから、そうした必勝の形をわがものにできた計画者、指導者、指揮者たちの功名手柄は、世間には認められにくかった。「よくぞ勝ったものだ」などとも世間は思いません。このパターンは、今日でも、また将来でも同様でしょう。

兵頭いわく

銀雀山竹簡には「無奇勝」という文句が入っているのですが、流行本にはありません。曹操は「いや、すぐれた戦争指導で小国が大国を破れば、それは『奇勝』と讃《たた》えられるさ」と反発して、そこを削ったのかもしれません。

すでに敗れている敵に勝つ。これほど確実な勝ちパターンはないのです。ミスのしようもないじゃないですか。

みずからは不敗の形をつくり、敵の必ず敗れる隙《すき》をみのがさないようにしなさい。すなわち、勝ってから戦おうとするべきなのです。戦いを始めてから勝ちを求めるようなやり方では、敗れるのがふつうです。

よい将軍になろうと思ったら、謙虚に戦争についての勉強をして、しかもまた、戦争に数学を適用できる頭脳を持たなくてはなりません。

その数学というのは、数量の統計的把握と、単純な算数や、比例の判断のことです。

すなわちまず戦場のひろがりや住民の人口や土地の産物について了知《りょうち》できなければなりません。

次に、望ましい物資の量と、現実に用意のできる量、および兵員の数を、予測できなくてはなりません。

次に、以上を敵味方についてすべて比較してから、勝ちに行くわけです。

兵頭いわく

流行本では「兵法は……」となっていますが、銀雀山竹簡では「法は……」。これはマセマティクスとかカルキュレーション、主として「掛け算」「割り算」のことであったろうと思います。

まあ、今ではあたりまえだと思われていることも、昔の王様にはえてして、痛感されていなかったのでしょう。

合戦の上手《じょうず》は、天秤《てんびん》の一端の重いものが他端《たたん》の軽いものを持ち上げるように楽勝します。

下手《へた》な者は、その逆に、軽い分銅《ふんどう》で大きな分銅を持ち上げるようなことをして敗《ま》けるのです。

彼我の徴集された農民兵を、事前にはかりくらべて、勝たねばなりません。

合戦の理想的な勝ちパターンでは、徴集された農民兵でも自然に死力を揮《ふる》わずにいられないようになり、あたかも大きなダムが決潰《けっかい》してその怒濤《どとう》が谷筋《たにすじ》を走り下るように、一挙に敵の全縦深《じゅうしん》が打破され無力化されます。

――「形」篇　おわり

第5篇

勢

孫子いわく

あたかも小部隊をみちびくように、大きなダムの決潰水《けっかいすい》のような大部隊を随意にみちびくことができますのは、司令者が、数を分けて掌握《しょうあく》するがゆえであります。

大部隊をまるで小部隊のように闘わせるのは、上官の命令が確実に部下によって実行されるからであります。

兵頭いわく

号令信号（すなわち「名」）と、兵隊の動作実行（すなわち「形」）の1：1の対応関係を予《あらかじ》め厳重に訓練しておいて、それが戦場において心手期《しんしゅき》せずして再現できるのでなければ、大軍の戦場統御は成り立ちません。

これは今ではあたりまえのことでしょうが、シナの古代ではそうではなかった。日本など西暦660年代になって半島で唐軍の部隊単位の運動を見せられて驚愕《きょうがく》させられていたわけです。シナのような「奴隷都市」は一つも存在しなかった日本では、ようやく近世の武田信玄と上杉謙信が、それにやや近い集団指揮の術を開発しました。逆にそのゆえに勝頼の下手すぎる采配にも武将たちは規範を守らなければと思って自滅してしまったのですが、徳川家はそれを敵ながら高く評価しました。「甲州流《こうしゅう》」が、江戸初期の「軍学」の基準点としてもてはやされた所以《ゆえん》であります。

古代シナの〈奴隷監禁都市〉がスクウェアな隊列を生み出していたことに関しましては、旧著の『武侠都市宣言！』か『あたらしい武士道』をあらためてご参照ください。

形とは旌旗《しょうき》であり、名とは金鼓《きんこ》である――と註《ちゅう》した曹操は、即物的でない抽象表記は苦手だったのでしょう。しかし宋代以降のシナ人注釈家と日本の注釈家がそれを踏襲しているのは、わたくしにはいただけません。

信号には、他に、法螺《ほら》、鏑矢《かぶらや》、チャルメラ、笛《ふえ》、伝騎、大声、狼煙《のろし》などもあったはずでしょう。

なお、孫子は何十人もいたのですから、ここでの「形」の意味・用法が、他の箇所での「形」の意味・用法とは異なっていても、不審に思う必要はありま

——せん。

我《われ》の大部隊をのこらずひきつれ、敵国の大部隊と闘争して、なおかつ大損害を蒙《こうむ》らないようにしたいのなら、それは、奇正《きせい》の運用によるしかありません。

兵頭いわく

奇正の「奇」を現代的に解釈すると、たとえば我《われ》の一部をもって正面の敵を控制《こうせい》し、別な一部をもって敵の側背《そくはい》に機動させることや、我《われ》の一翼または中央がいつわり退き、つられて躍進《やくしん》して来る敵軍を包囲してしまうことや、わざと我《われ》の戦陣を弱くしておいて敵を勢いづかせることで逆に包囲に持ち込むことや、性能の強力な弓弩《きゅうど》を隠しておいて、その威力と圧倒的な矢弾の集中で敵を奇襲すること、等々があったでしょう。

しかし『孫子』を味わうには、もっと原始人的な世界へ戻ろうと努めねばなりません。それによって、未来の核戦争やサイバー戦争、ロボット戦争等を勝ち抜くための柔軟な思考力も身につきます。

宝玉《ほうぎょく》に加工途中の石球は、小さい卵のように見えます。たくみな指揮命令と行動により、こちらは石球となって、敵の卵にぶつかるなら、卵はひとたまりもないでしょう。このような断然有利なぶつかり合いにもっていくのが「虚実」の指揮術であります。

およそ合戦は、敵陣に向かってまっすぐ進撃するようにしてから、敵の意表をつく奇手《きしゅ》を繰《く》り出して勝つものです。

奇手は、天地のようにどこまでいってもかぎりはなく、黄河や渤海《ぼっかい》の水のように、つきることはないと思ってください。

冬は一年の終わりですが、また春がやってくるでしょう。日も月も、沈んだあとでまた昇ります。

音階や原色や味は有限ですが、その組み合わせは無限にあるでしょう。

同じように、合戦をわがものとする術としては、正と奇の組み合わせがあるだけですけれど、その実際の妙用《みょうよう》は無限にあるので、誰も、のこらず列挙したり、単純なマニュアルに書くことはできません。奇は正を生み、正は奇を生む。まるでドーナツ・リングのように連続しているので、〈ここが正の終わりで、ここからは奇の始まりです〉とは、ゆびさせないのであります。

兵頭いわく

奇手を何度も使えばそれは奇手ではなくなり、かえって、普通の正面押しや、昔にすたれた戦術が、あらたに通用する奇手となるでしょう。また、「八陣《はちじん》」などという図をつくることぐらい、孫子のメッセージから遠いものはないでしょう。

水は軽いものです。が、矢のようなはやさで流水が打ちたたけば、石をも舞い上がらせてしまう。これが、勢《いきお》いであります。体の軽い猛禽類《もうきんるい》が矢のようなはやさで獲物をバラバラにしてしまえるのも、短い時間に急に動いているからであります。

合戦の上手は、勢いに大きな落差を与え、短い時間で敵を圧倒してしまおうとするのであります。

いわば、弩《いしゆみ》を張り切ったところで引きとめておき、引きがねで矢を瞬発《しゅんぱつ》させてやるような具合いです。

兵頭いわく

源平時代の日本の弓馬術は、敵の目の前まで馬で駆け寄って、弓で急所（内カブトなど）を射《い》たのであります。

いしゆみはクロスボウ（ボウガン）のことで、弓より遥かに材料費とメンテナンス費用のかかる武器ですが、騎射と違って練度維持になんら努力は不要でしたから、古代シナの農耕社会が農奴を臨時に動員して遊牧民の騎兵に対抗するのによく使われました。しかし国防を弩徒兵《どとへい》だけに頼れば、機動的集中力がなくなるので、万能ではありませんでした（詳しくは拙著『あたらしい武士道』をお読みください）。

新井白石《あらいはくせき》は、ある武士の家を訪問したときに、梁《はり》の上で、大きな蛇が鼠を悠々と追い込んでから、最後の間合いをすくめたかま首の一瞬のリーチで詰めきる一部始終を目撃し、それ以来、『孫子』の「奇」で勝つという意味がリアルにイメージできるようになった——と、『孫武兵法擇副言《たくふくげん》』の中で記しております。

春秋時代の野戦では、車を並べる必要から、タテ・ヨコ・ナナメに整列した布陣から交戦を開始することが多かったでしょう。が、ひとたび乱戦になりますと、敵味方は入り混じり、行《ぎょう》も列も梯段《ていだん》も消滅して、しばしば味方は各所で団子《だんご》状に蝟集《いしゅう》します。

そのようになっても、味方全体が壊乱自滅におもむかぬようにしなければなりません。それについての指揮官の心がまえが、以下に語られます。

敵部隊と衝突する前にはじゅうぶんに統率がとれている部隊も、編制がしっかり立っていなかったら、たちまち混乱に陥ってしまいます。

合戦開始時点では勇敢に見えた部隊も、勢いが途絶《とだ》えると、急に臆病となり得るものです。

もともと強く鍛えた部隊も、激戦の中で、適宜な命令を受け、平時に訓練したように機動・展開・動作などができなければ、弱いものです。

彼我《ひが》激突のさなかに味方がそんなザマにならぬためには、前もって編制をしっかり立てておき、各隊長に部下を掌握させておきましょう。

また、全体の勢いを失なわぬように考えましょう。

また、彼我の強弱に適合した部隊指揮をしましょう。

司令官は、敵部隊と交戦状態に入るときに、次のような下ごしらえをたくらみます。

我《われ》がある展開をすれば、敵はそれを見て対応しようとします。また、我《われ》がじっさいに攻撃行動を見せれば、やはり敵はそれに何らかの反応をしないではいられません。これによって、我《われ》に都合のよいように、敵の位置を変えさせてやることができるでしょう。

そして、我《われ》がためらってぐずぐずしている様子を見せれば、敵は必ず攻撃に出てきます。

敵が誘われて前に出てきたら、我はすばやく部隊を躍進させ、まってましたとばかりにやっつけることができるのです。

合戦は、英雄を自負する指揮官が一人で獅子奮迅《ししふんじん》して勝てるものではなく、部隊全体の勢いをうまく作為《さくい》して勝つのが、無理がなく、ムダがなく、味方の共同体を益《えき》するのです。

そのような部隊指揮ができる者をこそ、一線の司令官として任じましょう。

徴集した農民からなる部隊に勢いをつけて合戦させるのは、ちょうど、生きていない材木や石を転がす作業と似ています。

材木も石も、低いところに置かれたままでは動きませんが、高いところでかたむけてやれば、すぐに動きます。

形や地面が転がすのに不適当ならば、すぐ止まってしまいます。逆に、位置取りや攻撃方向や隊伍の粗密《そみつ》がうまく適合していれば、隷下《れいか》の部隊はどこまでも止まりません。

合戦のうまい指揮官は、あたかも円《まる》い石を高い山からころがし落とすようにして、隷下の部隊に勢いをつけられるのです。

――「勢」篇　おわり

第6篇 虚実

孫子いわく

およそ、先に戦場に展開して、敵をまちうけている部隊は、ピクニック気分です。

しかし、後からそこへかけつける部隊は、ヘトヘトに消耗しております。

これが実と虚の第一の意味です。

兵頭いわく

銀雀山の竹簡では、この篇のタイトルが「虚実」ではなく「実虚」になっていたそうです。しかも冒頭の文には「孫子曰」がなくて、いきなり「実虚とは……」で始まる。かなり、即物的な解説だったようなのです。要するに、給養も充分で元気あふれる部隊は「実」なるコンディションであり、人馬の消耗した部隊は気勢もあがらず「虚」なるコンディションである、といっていた。

しかしこの篇に集められた一連の戦理《せんり》はもっと及ぶ範囲が深く広いので、曹操が編集の手を加え、読者の想像力をヨリ喚起するようにタイトルを倒置したものが、流行本となったのでしょう。

――もしこの篇の冒頭を「孫子曰」に書き換えたのが曹操だったのだとすれば、魏武《ぎぶ》曹操はみずから幾十人の「孫子」の仲間に入ったと申せましょう。

合戦のとくいな者は、こちらの思うように、敵部隊を動かしたり、止めたりします。

けっして、敵のもくろみどおりに、こちらがいやおうなく動かされたり止められたりすることが、ないのです。

敵にあることをさせようと思ったら、敵をして、そのようにするのがまさに得策であると、誤断《ごだん》をさせなければなりません。

敵にあることをさせたくなければ、そうするのは危険であり不利であり高くつくと、敵をして判断をさせなくてはなりません。

敵が楽をしているのを、むりにも疲れ果てるようにしてやりなさい。

敵が満腹しているのを、むりにも腹ペコにしてやりなさい。

兵頭いわく

流行本では、これに続けて「敵が休息しているのを、むりにもまた奔命駆馳《ほんめいくち》させなさい」という一句もあるのですが、銀雀山竹簡には、それが見当たりません。

どうしても敵部隊が現在位置を離れて防衛・救難せずにはおられないようなところをまず襲うふりをしなさい。

兵頭いわく

流行本では、これにすぐ「そして、確実にその場所に急行する敵部隊が予想もできそうもないところへ、あなたの部隊を機動させなさい」という一句が続くのです。が、銀雀山竹簡にはこれがありません。これまた曹操の親切心からの挿入《そうにゅう》だったのでしょうか。

敵がガラ空きにしている土地を移動するのは、それほど疲れません。

こちらから攻めて必ず成功する方法は簡単です。敵が守らないところを攻めなさい。

こちらが安全に守られる方法も、簡単です。敵が攻めないところで守備しなさい。

兵頭いわく

銀雀山竹簡では、この後半の句は「守れば必ず固いのは、敵が攻めてくるところを守るからである」となっていることが分かりました。これだと、あったりまえの話になってしまい、わざわざ本にして人に読ませるような価値はありません。そこで、曹操は、陳腐《ちんぷ》な警句《けいく》を、すばらしい〈奥義〉に書き変えたのです。

この篇の最後まで読み進めば、この書き変えは多くの読者を納得させる編集であることも、分かります。

なお、敵が守らぬところ、とは、敵人がひとりも存在しないところだと解釈する必要は、ありません。たいてい、野戦部隊の尻尾には輜《し》重《ちょう》部隊（補給段《だん》列《れつ》）が随従しております。輜重部隊の自衛力はたかがしれているので、たとえば、もし我《われ》の部隊が敵の野戦部隊の最後尾を後ろから襲ったとしたら、敵は「守っていない」ところを攻撃された状態になるわけです。

敵がどこを守ったらよいか分からないのが、上手な攻撃です。

敵がどこを攻めたらよいか分からないのが、上手な防禦です。

かすかにしか人目につかず、そして一瞬で動くので音すら聞こえない、そのようであれば、敵の命運をいかようにもしてやれるでしょう。

一撃するときは敵の虚を衝《つ》けば、敵は迎撃できません。

離脱するときは、気付いた敵が追及をあきらめるほど、すばやく行きましょう。

兵頭いわく

この後半の句は、銀雀山竹簡では「退く我《われ》の部隊を敵部隊が止められないのは、我《われ》が、もう及ばないほどに遠くまで行ってしまっているからだ」となっていました。

おそらく曹操は、「止」の字を「追」に換え、また、「遠」の字を「速」に換えた方がよいと思ったのです。また曹操は、前半の句が「迎撃できない」となっていたのも「防禦できない」と書き換えて、それが流行本になったのです。

いくら敵部隊が堅固な要塞の中にひきこもっていたいと願っても、我《われ》が敵の大切なところを攻めれば、敵部隊はその大切なものを救うために要塞から出てきて我との野戦に応ずるしかありません。

いくら敵が我《われ》と野戦したいと願っても、我《われ》が敵部隊からすっかりへだたったところに位置してしまえば、我《われ》は何の築城工事もすることなく、敵の攻撃を阻止したようなものです。

後半の句、流行本で「乖《へだ》たる」となっているところは、銀雀山竹簡では「膠《ねばりつ》く」でした。が、それですと、「こちらが頑強に一点を固守していれば敵は我《われ》と闘うこともできない」という、つまらぬ話です。それで、おそらくは曹操が、気のきいた内容になるように編集したのでしょう。

兵頭いわく

善《よ》い将軍は、次の一手をいつもはっきりと頭の中にイメージできていて、次から次と敵を各個撃破し、翻弄します。

敵は、我《われ》が次になにをするのかわからず、イニシアチブをとらない結果、彼の兵力を分散的に遊《あそ》ばせてしまい、我《われ》に次のエモノを提供します。

このようになりますと、たとい我《われ》の隷下部隊のすべてが、敵の人目につくように機動（マヌーバー）しても、敵は、我《われ》の企図をかいもく予見できぬままに、敗け続けることになるのであります。

我《われ》が連撃のイニシアチブを握り続けることによって、敵部隊はつい、10もの迎撃部隊に分岐《ぶんき》してしまうでしょう。それに対してこちらはほしいままに集中し、いちどにひとつだけの目標を与えられて、その敵の支隊《したい》をひとつ、またひとつと、襲っていくのですから、特定の戦場では必ず我《われ》が10対1の兵力差で以《も》って敵を圧倒し、翻弄できるのです。

兵頭いわく

流行本ではこれに続いて、「総兵力の比較とは関係なく、我《われ》がいつも大多数となって、反面、その狙われた敵はいつも孤独でうれえねばならないのです」という一句が見られますが、これは曹操の親切な註記だったようです。

銀雀山竹簡では「我《われ》の部隊数が少なくて、敵の部隊数は多いということです」となっていました。たしかに、これではイラストレイティブな説明ではない。ふつうの読者なら、理解するのに悩むでしょう。

このあたりには、同じ意味内容の、いろいろな句が集められて、貼り付けられています。現代ならば、「我《われ》の集中をもって敵の分散を撃つ」という軍事術語を使えば、説明にも理解にもそう苦しまぬところですが、古代人を相手として言語でこの概念を説明するのは、容易ではなかったろうと想像できます。かく申す兵頭も、ハイティーンの時分にロンメル戦記を熟読するまでは、「機動集中と同時打撃にこころがければ、彼我の物量差を超克《ちょうこく》できる」「スピードが部隊防御の代わりになる」という理屈が、飲み込めませんでした。

我《われ》の当面の敵は常に拘束され、おさえられ、くるしむのです。

我《われ》が次に選ぼうとする戦場を、敵は知ることができません。

敵は、多くの場所で我《われ》に備えていなければなりません。そのおかげで我《われ》が攻撃する特定の場所と時刻では、敵は常に、比較的少人数で戦うしかなくなるのです。

前縁《ぜんえん》を厚く備えれば、背面は手薄になります。左角を厚く備えれば、右隅は手薄になる。八方すべてを充分に備えようとしても無理で、それは結局全周を隙《すき》だらけにしてしまうことになるでしょう。

敵に対してうけみになって備えようとする者は、トータルでいくら大人数でも、分散させられ、各個に孤立して、一部隊ごとに、敵の大軍から囲まれてしまいます。

敵をして己《おの》れに備えさせるものは、トータルでは少人数でも、常に敵の孤塁《こるい》を囲む主導の立場を、得られるでしょう。

あらかじめ特定の敵集団に狙いをつけ、いつ、どこでその目標を攻略するか、進発《しんぱつ》の前に、司令官が部下の隊長たちにハッキリと了解させておけば、現在地から何十キロメートルも離れた場所ででも、合流して合戦ができます。

しかし、あらかじめタイムテーブルと集合点や攻略目標を指定しておかずに、もちろんまた、そこまで各部隊が何日で移動できるかも考量せずに、イージーに合戦を求めて隷下《れいか》部隊を進発させれば、分進した味方部隊同士が同時的に一つの敵を合撃《ごうげき》することは不可能です。

敵の本隊と最初にぶつかった我《われ》の支隊が、他の味方部隊から何キロメートルも離れていたら、もうどうしようもありません。

兵頭いわく

もし同時合撃にならなかったときは、最初に接敵した支隊は逃げ回り、うまく、別な友軍と自軍との中間に敵部隊が位置してしまうように誘い込むことです。

現代でも「〈遠‐遠〉&〈近‐近〉の法則」という、味方の2部隊（A、B）で敵の1部隊を挟撃《きょうげき》するときの基本的な間合いのとり方があります。それは、〈敵部隊と味方A部隊の間隔〉は、イコール、〈敵部隊と味方B部隊の間隔〉でなければならない。その間隔が遠くても近くても、まさに等距離で挟撃されたときに、敵はいちばん苦しむのです。

もし味方のAかBかどちらか一つの部隊が、もう一つの友軍よりも敵部隊へ余計に近づいてしまいますと、敵は、まず近い方を全力で料理してから、返す刀で遠い方に対処すればよくなります。現代では、そのような反撃手順を「内《ない》線機動《せんきどう》」と呼びます。侵攻軍の分進合撃（等間隔挟撃）は、「外線機動《がいせんきどう》」です。

越《えつ》の国の総動員兵力は、呉《ご》の国の総動員兵力より多いでしょう。しかし叙上《じょじょう》のような決戦場での優位を作為する戦術を理解しさえすれば、総兵力数は勝敗をまったく決定しないことがお分かりになりましょう。

合戦では、象使いが象を操るようにして勝つのであります。

兵頭いわく

「勝ちは為す可《べ》し」と流行本にあり、「為」の字には「エレファント」の象形《しょうけい》が含まれています。

この意味不明な独立句は、銀雀山竹簡では「勝ちは擅《ほしいまま》にす可《べ》し」となっていました。なぜ曹操は「擅」を「為」にあらためたのか？　越人（ベトナム系）と聞いて曹操は、象《ぞう》を連想したのではありますまいか。

敵が乱れているか、しずまっているかをさぐらせ、予定戦場が、農民兵から死力を引き出せるところであるかどうかをうかがい、隷下部隊がそこまで行って目標を獲《え》ることができそうかどうか、あるいは逃してしまいそうかをよく慮《おもんぱか》り、前衛の小競《こ ぜ》りあいによって当初の自分の見積もりが図に当たっていたかどうかを判断しなさい。

兵頭いわく

竹の札に書いた命令書を伝令にもたせてやり、我《われ》の複数部隊にちょっと行動を起こさせたのを見て、敵も反応します。見ても反応しない敵部隊もあります。そうした反応から、敵将が考えていることや、敵部隊のコンディションをよく見きわめるのであります。

敵前で我《われ》の部隊をいよいよ展開・運動させますと、敵はどこを攻められるのが困ると思っているのか、その反応によって、我《われ》に教えてくれます。

さらにいよいよ我《われ》のいくつかの尖兵《せんぺい》部隊や前衛の一部が敵と接触し、干戈《かんか》をまじえるに至りますと、敵を押し込んで行ける部分と、はねかえされてしまう

――部分の、見きわめもつきます。

以上の指揮方法は、ワンパターンであってはいけません。その場・その時により、変えていかなければ、敵に逆にたばかられてしまいます。おきまりのパターンを避ける指揮方法にこころがければ、どんなスパイもそれを予知はできず、どんな智者も、我《われ》の攻撃の裏を掻《か》くことはできません。

司令官が部隊を運動させることによって、部下将兵は勝ちつゞける。しかしその因果《いんが》を、部下将兵は知ることはできません。

味方の部隊がどのように動いて勝ったかの経過は、その場にいた誰もが見て知ることであります。

けれども、なぜ司令官であるわたくしが、その采配《さいはい》を為そうと決意して、勝ちパターンをリアルタイムにつくりだし得たかは、このわたくしにしか、わからぬことです。

ある司令官が一度、合戦に勝ったパターンを、全く同じようにして別な時・所で再現することはできません。

合戦での部隊の運動は、水をイメージすれば、考えやすいでしょう。

水は高いところを瞬時にすべて避け、最も低いところに瞬時に殺到します。

あなたの部隊には、敵の実《じつ》、つまり石のように固いところを避けさせ、敵の虚、つまり卵のように脆《もろ》いところを、撃たせなさい。

水は地面の高低によって流れる路《みち》をつくります。部隊は、当面する敵の強弱に応じて勝ちをつくりだすのであります。

敵の強弱は敵次第なのですから、我《われ》が必ず勝てる陣形・分合《ぶんごう》・展開・運動・手順などは、出来合いの定まったものとしては、ありえないのです。

水に恒《つね》のかたちがないようなものです。

四季はとどまることなく移り変わります。あの太陽すら、日が長くなったり短くなったり、変化し続けているでしょう。月もまた、盈《み》ち欠けをくりかえしますよね。

兵頭いわく

方位、季節、日どり、刻限《こくげん》、昼夜……そんなものにも、とらわれるべきではないのであります。ところが日本の兵学者は、そうしたラチもない「秘伝」ばかりをもてはやし、『孫子』の精髄をスルーして、衒学《げんがく》に走ったのであります。

——「虚実」篇　おわり

第7篇
軍争

孫子いわく

遠征戦争では、共同体の命を受けた司令官が、おびただしい人員・部隊を集めととのえ、キャンプではおびただしい車輛が轅《ながえ》を交えるほどに混雑したありさまになります。

そこまでは誰でも何とかなるのですが、さて、難しいのは、ここから敵との合戦を有利にもっていく手なのです。

兵頭いわく

原文の「和」を軍門すなわち野外の陣所であるとし、「交和」を両陣対峙のことだとする古くからの解釈に、わたくしは倣《なら》えません。最初から敵味方が接近しているのであれば、以下のマヌーバー（機動）の余地など、ごく少なくなってしまうでしょう。

敵との合戦を有利にもっていくスキルの中でも、遠くの目的地までいかに早く楽に到達するかを考えるのが、ひとしお難しいものです。

あえて困難な進撃路を選ぶことで、かえって楽に勝てる場合があります。

真に先取《せんしゅ》を欲する地点への一般的な道すじを選ばず、また、あえてゆっくり進み、それによって敵をおびき出してやれば、もともと敵の方がその地点に近かったとしても、我《われ》は急に敵をだしぬいて、敵よりも先にそこへ進出することができます。これが「迂直《うちょく》」の手です。

けれども、その狙いがうまくいかないときは、逆に悲惨な結果が待っております。げにも難しい。

部隊のマヌーバー（機動や躍進《やくしん》）は、勝利を得るため、しないではすまぬものですが、それは、我《われ》にとっての大きな危険を冒すことでもあります。

というのは、我の部隊がガッチリとフォーメーションを組んだままだと、移動速度は高められず、敵部隊をだしぬけないのです。

特に軽快な部下だけを選抜して先行させたり、部隊のフォーメーションを解いて、将兵に各自バラバラでいいからと、とにかく急進させたりすると、行動が鈍重な補給用の車輛はついて行けず、せっかく集めた物資ともども、後方に捨ておかれることになります。

誰もが重いヨロイを輜重《しちょう》にあずけて身軽となり、昼も夜も停止しないで数十キロメートル以上も道を急げば、我《われ》の全軍が潰滅するでしょう。強健な歩卒《ほそつ》が先行し、つかれきった歩卒は落伍《らくご》しますので、もとの1割の兵力しか、目的地には達しません。

行程が数十キロメートルの半分なら、潰滅するのは全軍の三分の一、また、到達する兵力は半数となります。

行程が数十キロメートルの三分の一くらいなら、まあ、全軍の三分の二が到達するでしょう。

──兵頭いわく

――原文の「法」は、「わりざん」とか「割合」、「比率」の意味でしょう。

もし、物料輸送車がともなわなければ、また糧食の現地での手当てが続かなければ、また適当なところで農作物のデポ（貯蔵倉庫）が確保できなければ、部隊は自滅するのみです。

国外での部隊の通行を考えるには、現地の有力者とあらかじめよしみを通じ、戦争が発生したときの彼らの向背《こうはい》について、予知しておく必要があるでしょう。

道もなく視界もきかない山林、崖などの地形障壁、通過至難な湿地や沼沢《しょうたく》のひろがりについて知らないことには、部隊を異郷《いきょう》の地に行軍させることはできません。

必ず地元に詳しい道案内人を部隊に加えなさい。それなしに、地の利をわがものにしようと思っても、とうてい無理なのです。

兵頭いわく

紀元前480年、テルモピュレーという地峡《ちきょう》を守り固めれば、約1000人のスパルタ市民兵でも、数万のペルシャ軍の陸づたいの南下を阻止できるはずでした。ところがペルシャ軍は、現地人を雇って、通行はできぬはずの深山絶谷《しんざんぜっこく》を支隊に迂回させ、スパルタ軍の後方にとつじょとして出現させました。かくして、レオニダス王以下のスパルタの勇士たちは、全滅したのであります。

敵部隊より有利な位置をとるために、敵将をだましながら動き、我《われ》の部隊をとつぜんに分進させたり合撃させたりするのが、遠征戦争のやりかたであります。

速く動くときには突風のように殺到しなければなりません。おもむろにゆっくりと動くときは、まるで林のように整々《せいせい》として威厳を視覚的に誇示できなければなりません。

敵の領土や物産を劫略《こうりゃく》するときは、あたかも野火《のび》が燃え広がるようでなければなりません。

敵からの挑発や攻撃に耐えるさいには、山のように動かずに持ち場を守らねばなりません。

かくれるときは、昼間のくらがりのように、わが部隊全体が敵から見えにくくならねばなりません。

そして攻撃にうつるときは、まるで電撃のように、敵に避ける余地を与えないようにしなければなりません。

敵地であつめた糧食その他は、隷下の将兵や従軍人夫《にんぷ》にぜんぶ分け与えなさい。

戦争によって占領した新領地も、部下たちが皆で経営できるようにしてやりなさい。

兵頭いわく

ひとりだけリッチになろうなどというケチな野心まんまんのボスには、誰もついて行かないのです。シーザーが皇帝になれたのは、戦争の獲物をことごとく部下軍人に分け与え、国家の軍団を己れの私兵と化すことに成功したからです。

中世西欧の「強盗騎士」の頭目（大ボス）は、戦争の獲物の一定割合のみを自分のものとし、残る大半は部下の騎士（小ボス）に分け与えることが、不文《ふぶん》の契約でした。

敵部隊の裏を掻いてやろうと思い定めて我《われ》の部隊を動かすのに先立ち、以上のような「迂直《うちょく》」の手管を理解する者は勝ちます。

「軍政」という古いテキストによれば、合戦では、互いの声が通らないから、「じんだいこ」と「じんがね」をこしらえたのだ、と。また、合戦では互いの姿や身ぶりが見通せないから、「さしずばた」や「しるしばた」をこしらえた、とのことです。

兵頭いわく

流行本では「鼓鐸」とあるところ、銀雀山竹簡だと「鼓金」になっていたようです。

じんがねには、野営のときには大鍋《おおなべ》の代わりともなる形状・素材の「どら」、味方の陣内をしずかにさせて司令官からのお触れを布告するために鳴らした銅《どう》鐸《たく》、などがありました。古代インドでは、虎やライオンなどの猛獣を通路から遠のけるためにシンバルを鳴らしたようです。もともと自然界には金属楽器音は存在しませんから、昔の人界から遠かった野生動物たちは、聞いてひどく驚いたのです。

シナでは前進命令には太鼓《たいこ》を、後退命令には金属器を鳴らしたようです。戦場の遠くまで明瞭に響きわたる「退却の合図」が厳重に定められていたというところが、全体主義的な古代文明のおそろしさでしょう。「ウォリアー」（給料で戦闘するソルジャーではない、組織になじまない戦士）しかいなかった古代ゲルマン社会や、近代以前の日本では、想像もできなかったことと思います。

夜のいくさでは、「じんだいこ」と「じんがね」をできるだけ多く用意します。昼のいくさでは、「さしずばた」や「しるしばた」をできるだけ多く用意します。それを聞いたり見たりすることで、非熟練の農民兵たちも、一糸《いっし》乱れない集団動作が可能になります。

全員が常に単一の命令を共有する癖がついていれば、敵部隊との衝突を目前にして、血気さかんな者が敵から挑発されて勝手に列を乱すという不統制も起きませんし、臆病者が勝手に逃げ走ろうとする「見崩《みくず》れ」や「裏崩《うらくず》れ」も防止できます。大集団は、そのようにして御《ぎょ》さねばならないのです。

将軍は、敵部隊の「気」を攻略し、支配するようにしなさい。また、敵の将軍の「心」を攻略し、支配するようにしなさい。

兵頭いわく

銀雀山竹簡の配列によって訳しましたが、ここは曹操はかなり編集した模様です。

流行本には、「夜はともしびの光と、じんだいこの音を、できるだけ多く用意する」とありまして、退却命令であるため自軍崩壊のきっかけになりかねない「じんがね」は、消されています。

さらに竹簡では「壹にする」とあるところが流行本では「變ずる」になっていて、そのため、流行本では句の意味が「旗の林立や大音響を敵の将兵に見聞きさせることにより敵の全兵卒を疑懼《ぎく》せしめ、敵の司令官の冷静堅確な決心を惑乱させ、合戦の帰趨《きすう》について悩ませ、戦意を動揺させてやることができる」といったふうにも、コンテクスト上、とれるようにされていました。

どうやら古代のシナには、野戦での心理戦応用術の格言はほとんど探せなかったのでしょう。だから曹操が、それをつくろうとしたのでしょう。

将兵の肉声を利用する「鯨波《げいは》」について言及がないのはなぜでしょうか。声が揃わず迫力が無ければ却って敵兵の哄笑《こうしょう》を招いてしまい、ひいては味方の士気が動揺するという逆効果にもなるものですけれども、漢楚《かんそ》戦争のときの「四面楚歌」は、意図的な心理戦術だったのではないかと疑います。

孫子の時代より後のことになりますが、中東以西では、部隊ぜんいんが金属製の盾と金属製の武器を打ち合わせて、ものすごい騒音を立て、かつ、「鬨《とき》の声」を挙げて、敵部隊をすくませてやろうとしました。大同小異の威嚇《いかく》術は、おそらく太古から世界中の部族社会で、それぞれに工夫されていたはずです。だれもが熟知していて常識なので、テキストもないのでしょう。

およそ遠征軍将兵は、朝《あさ》の気、つまり開戦前後の気は、触れれば切れるほどに鋭く怒り、はやりたけっているものです。しかし昼間の気、つまり、開戦から少し時間が経過しますと、緊張は解け、なまけ心が起き、けだるくなってきます。そして夕暮れの気、つまり、長時間連続の活動や待機のあとの将兵の気は、従軍をやめてぶじに家に帰っておちつきたいという気持ちでいっぱいになるものです。

そこで司令官は、敵の部隊の気の鋭いうちは、これとは合戦することを避けなさい。敵の部隊の気がだるくなり、帰心《きしん》が生じているところで攻撃をしなさい。

兵頭いわく

ボクサーが、顎《あご》に良いパンチを貰ってＫＯを喫し易いのは、１Ｒ《ラウンド》のゴングが鳴ってから数秒の間だといわれています。緊張と興奮のしすぎでガードの反応が万全にはならないからだそうです。しかし大集団の戦闘では、互いに隙を補い合いますから、このようなラッキーな「ワンパンチ・キル」を狙うことは非現実的です。鋭鋒《えいほう》を避けるのが得策なのです。

ところで兵隊のなかには、〈とうとうこれが最後の一仕事か〉と見通しがつきますと、急に元気が１２０％まで回復する性格の者もいるでしょう。司令官は、「朝気」を振作《しんさく》することも可能です。

我《われ》の部隊は、士気と規律と団結を維持するようにし、敵の部隊の士気と規律と団結が衰え乱れる徴候を待ちなさい。

我《われ》の心は上下とも静まり治まっており、敵の陣中はうろたえさわいでしずまらない、そのような状態を作為しなさい。

心理の状態を摑《つか》んで勝たねばなりません。

短距離を機動して弾撥《だんぱつ》力を余している我《われ》の部隊により、えんえんと機動してきて人馬ともに疲れてしまっている敵の部隊にぶつかりなさい。隷下の部隊に充分な給養を確保し、気力をみなぎらせておいて、飢《う》えた敵部隊をやっつけなさい。力の状態を摑んで勝たねばなりません。

整斉《せいせい》とした隊容でやってくる敵部隊をむかえうとうとしてはなりません。堂々としている敵陣に突入しようとしてはなりません。変乱を好機として勝たねばなりません。

敵部隊が高い丘の上に居るとき、これに向かって行くのはやめなさい。またもし敵部隊が、小高い丘から駆けくだりながら突撃してきたなら、それを待ち受けて会戦しようとしてはいけません。

一　兵頭いわく

これは、日本人がイメージする身近な山地のことではありません。広豁《こうかつ》な平野のゆるやかな勾配《こうばい》をみきわめる必要について説いているのです。

というのは、馬で曳く戦車の機動力と突進衝力《しょうりょく》は、緩《かん》斜面を登るのとくだるのとでは、決定的な違いを生じてしまうからです。

もちろん、距離感のスケールも、日本国内の古戦場を思い浮かべてはいけません。部隊の一躍進の距離が、はるかに大きいのです。

なおまた、ここで言及されています敵は、砦《とりで》などに立て籠もっている弱小部隊ではなく、いつでも突出して我《われ》と正面から野戦を闘えるだけの兵数や弾力性を保持している、あなどれない相手でありましょう。


わざとにげるかたちをつくって後退していく敵に、ついて行ってはいけません。

兵頭いわく

流行本ではこれに続いて「敵が、技倆《ぎりょう》や士気の上であなどれない兵士たちを固めている一角に、こちらから攻めかかってはいけません」「オトリに出された敵の部隊を、収容しようとしてはなりません」の2句が続きますが、銀雀山竹簡には、それはありませんでした。

この流行本で曹操が付け加えた「餌兵」とは、逃げずに我《われ》にやられてしまい、さいごは投降する敵部隊です。それにはこちらが欲する輜重がついている場合もあります。敵は、何かの時間かせぎか、さもなくば後で我《われ》の内部から騒ぎを起こさせるために、一部の部隊を臨時に本陣から切り離して捨てることがあるのです。

また敵は、我《われ》の企図を探るためや、我《われ》を疲れさせるために、陽動攻撃をしかけてくる場合もあるでしょう。オトリに本気でとりあうと、我《われ》がたくらんでいること（たとえば伏兵《ふくへい》の位置）がバレてしまったり、我《われ》の将兵の体力・気力が、決戦を前にしてムダに消尽してしまいかねません。

敵の有力部隊を包囲したなら、必ず一方角には、我《われ》の部隊をまったく配置しない、大きな間隙《かんげき》をのこしておくようにしなさい。

本国へ帰ろうとしている敵の大部隊をさえぎって、移動をとどめようとしてはいけません。

これが、農民兵を用いる方法であります。

兵頭いわく

流行本では、「囲師必闕」とあるところ、銀雀山竹簡では「囲師遺闕」と、一字違っております。曹操は、積極的なテクニックとして強調したいようです。

ただし、竹簡ではこの句の配列の位置が「帰師をとどむることなかれ」の前に置かれていて、「我《われ》の攻囲からほうほうのていで逃げ出した敵部隊が本国へひきとっていく」という流れになっています。そちらの方が、自然ですね。

1877年の西南戦争で、西郷軍が熊本城を包囲したときに、篠原国幹《しのはらくにもと》が攻城を担当した方角には、わざと大きな隙間が設定されていました。篠原は『孫子』を知っていて、そのような提案を西郷にしたのかもしれません。しかし、官軍の援兵《えんぺい》が来ると確信していた籠城軍は、攻囲軍の誘導には乗りませんでした。その前の、戊辰《ぼしん》戦争の上野彰《しょう》義隊《ぎたい》攻めや、箱舘《はこだて》五稜郭攻めでは、新政府軍による「囲師必闕」は奏功《そうこう》しています。

流行本に見えます、「遠い土地から侵攻をしてきて、我《われ》によって逆においつめられた敵兵には、肉薄《にくはく》をせぬことです」の一句は、銀雀山竹簡には、ありませんでした。

『孫子』は、あくまで遠征戦争の心得に主眼があったのだとわたくしは思いますが、曹操はここで、本国防衛戦争をも念頭しているかのようです。とにかく、いたれりつくせりの解説にしておきたかったようです。

——「軍争」篇　おわり

第8篇

九変

孫子いわく

遠征軍をひきいたときの注意があります。

土砂くずれや鉄砲水などがありうる場所では、大休止《だいきゅうし》や野営はしません。

交通の結節《けっせつ》集散点では、周辺の中立国や友好団体の、平時からの人や物の流れをできるだけ阻害しないように気を配って、それらを自軍のために役立てます。

水障害などのため、ある境界より一方へはもう進みようがない場所や、そこに進出すると後方や周辺補給策源《さくげん》からの輸送連絡がきょくたんに細ってしまうような場所では、ぐずぐずと滞留していてはなりません。

兵頭いわく

原文の「絶地」を、水も薪《まき》も秣も得られぬところ、と注釈する有力な解説が昔からあります。しかし、そんなところに軍隊が長逗留《ながとうりゅう》はできないことは、誰かに言われなくたって、戦争になれば、すぐに気のつく機微ではないでしょうか。「絶」の意味がたしかにとれるようなパラフレーズが見当たらない以上は、わたしたちはこの「絶」の字を、広くふつうに解釈すべきです。

地形が、おのずから四方から敵にとりかこまれやすくなっている場所では、我《われ》の側に、敵をわざとそこへ誘って決戦とするなどの積極的なはかりごとが必要です。

現実に、敵に四周をとりかこまれてしまったら、もう死にもの狂いで闘うしかありません。

よさそうな道路があるからといって、そこを通ってはならぬ場合もあります。

やっつけ易そうな敵部隊がいるからといって、それを攻撃してはならぬ場合もあります。

かんたんにとれそうな他国の城市《じょうし》があるからといって、そこを占領してはならぬこともあります。

よい基地や陣地になりそうだからといって、あえてそこへの進出を敵と競わぬこともあります。

君主の命令だからといって、すなおに実行しないこともあります。

兵頭いわく

出先《でさき》司令官の立場を代弁する孫子が言いたいのは最後の一文、「君命《くんめい》も受けざるところあり」です。

それを敢えて採用すれば戦争は不利となって共同体の利益に反してしまう、そんな「君命」のわかりやすい例として4つだけ列挙したのが、「この農村づたいの路を征《ゆ》こう」「あの部隊を片付けよう」「この町を囲んで物資と物産と人民をいただこう」「あの高地を先に手に入れよう」といった、後先を考えない素人流の発想なわけです。むろん現実にはこの4種類だけではなく、政治的戦争では下策となる平時的・短絡的な判断がたくさんあるのだということを「九変」と称して戒めるのです。

〈この道はダメ〉という話を最初に挙げているのは、深いレトリックです。〈戦地では常《つね》の道《みち》は妥当しませんよ〉という「変」の本質を言い換えたかったのだと思います。

偵察班を先遣すれば、伏兵などは見破れます。孫子は、ここでそんな分かり易い注意を喚起したいのではありません。沿道の共同体の恨みを買いたくないと司令官が臨機《りんき》に決心した場合が念頭されているのです。「この道は通らないでくれ（荒らさないでくれ）。その代わり、道案内と補給の便宜を図ろう」という地元有力者との取り引きを、司令官はその場で引き出す。その裁定《さいてい》にさいし、いちいち本国の許可は得ません（なぜなら時間を浪費すれば敵部隊を急襲できないから）、というのです。

近代民主主義が確立しているところでは、「君命」は「行政府の意向」となり、遠征軍の司令官はそれにには逆らえません。その場合には、有権者から選挙で選ばれている行政府の長が、細かい戦争計画と政略をあらかじめ吻合《ふんごう》させる責任と、結果の責任をも負うのです。

ですが、過去には、出先司令官が政治家にもならねば、諸事、間に合わなかったのです。

そんな将軍の代表として、諸葛孔明《しょかつこうめい》を思い浮かべることができるでしょう。孔明はスター級の戦術家だったとは言い難いように見えますが、出先の行政官として隷下部隊を政治的に活用し、当面の外敵とは極力政治的に交渉し、新領地をたくみに経営して、君主に最大の利益をもたらしました。しかも、それほど円満有能であったのに、自身では王にはなろうとしませんでしたから、人々に記憶されたのです。

孫武も、こうすれば勝つ、こうすれば負けると考える力がありながら、自分では王にはなりませんでした。歴史眼を有した彼は、一人ではなく集団が歴史を決めていく、と察していました。一人の一生は短く、実戦のチャンスは少ないものです。ならばむしろ、後世世界に無限の知己《ちき》を獲《え》るほうを、ヨリ有意義であると、彼は考えたのでしょう。

司令官が「平常時とはことなるさまざまな戦時の変法《へんぽう》」の役立てかたに詳しければ、彼は国益のための戦争ができると言えるでしょう。

司令官が「平常時とはことなるさまざまな戦時の変法」の役立てかたに詳しくなければ、せっかく地形を知っていても、その地の利をものにすることができません。

兵頭いわく

原文の「九変」とは、平常時とは異なった、さまざまな非常時の変則・便法《べんぽう》のことを意味し、もちろん「九」ヶ条だとは限りません。ところが、古代に『孫子』のテキストを誰かが書写《しょしゃ》するうちに、「九変」と題されていながらそこで箇条書きが９個ないのはおかしい、と思った者がいたらしく、「九地篇」からコピペをして余計な文を冒頭にくっつけたとみられます。本篇は、「よさそうな道路があるからといって、……」から以降の部分が、オリジナルであろうと考えられています。

大部隊の統御をまっとうするのに、もし平時とは異なった戦時の変法を知らなければ、たとい内外の有力者や人民が関心をもっている利益についてよく把握をしていたとしても、司令官は、それをじっさいの政略に役立てることはできません。

兵頭いわく

原文の「五利」は、「九変」と同様、本文中に列挙されることはありません。ただ「九変」とは別に存在する集合的な概念があり、それを論じているのですよと強調をしておきたいがために、数字を違《たが》えてあるのです。「三軍」という名詞が全軍の言い換えにすぎず、3つの軍団をあらわしてなどいなかったことを思い出せば、納得できるでしょう。

敵をやっつけ、苦しめる方法、あるいは部下を罰したり萎縮《いしゅく》させる方法だけを知っていても、戦争を上手になしとげることはできません。

敵や味方や中立共同体は、どういうときによろこぶのかを十分に知り、それをいろいろとミックスしていかなければ、戦争計画者や司令官としては、賢さが足りません。

利益だけでなく、害も予期するからこそ、人々は長々とはげむことができます。

害だけでなく、利益も予期するからこそ、人々はうれいを解くことができます。

他の共同体を我《われ》の命令にまったく逆らえなくさせるのは、彼らに害を予期させたときです。

他の共同体のほうから我《われ》のため、あらそって協力を申し出てくるようにさせるのは、彼らに利益を予期させたときです。

遠征戦争での現地交渉には、この両極端の中間の政略が必要になります。我《われ》のために、他の共同体を継続的に使役するには、彼らにとっての利益と害の両方をきびしく意識させ、気はすすまないが逆らうことまではしたくないというコンディションをなるべく維持させます。

平時でも戦時でも、敵の共同体が我《われ》の共同体を脅迫して来ないだとか、敵軍が我《われ》を攻撃してこないだとかを念願するのは、司令官や戦争計画担当者として無責任です。

平時も戦時も、敵が侵攻してきても困らず、また、敵が我《われ》を攻撃することが不可能であるような対策ができていることを、たのみとしなくてはなりません。

部隊指揮官が、戦争における「変」をよく体得できていない場合、ふだんは長所とされているような気質や性格すら、たちまち我《われ》の滅亡を招くもととなります。

兵頭いわく

原文では「五危」と表記し、その「五危」については、「九地」や「五利」とちがって、ほんとうに5つが列挙されます。なぜ、一つの篇のなかで、そうした修文《しゅうぶん》上の体裁の不統一が許容され、最終的に固定されているのかは、今となってはわかりません。

しかし、孫子は何十人もいたのだし、「編集者である魏武」すら、ブレインや僭称《せんしょう》者の筆がまざっているのかもしれないと考えたら、こうした不統一こそ、古態《こたい》でしょう。

部下をいつも死ぬ気で合戦させることが得意な我《われ》の部隊指揮官は、あるとき敵の狡猾《こうかつ》な将軍によって、部隊を皆殺しにされてしまうでしょう。

部下をいつも最小限の損害で凱旋させることで将兵から信頼されている我《われ》の部隊指揮官は、いつか、敵の狡猾な将軍により、部隊まるごと、投降するように仕向けられやすいでしょう。

どんなピンチでも弱音を吐《は》かず、強烈な敵愾心《てきがいしん》で部下を鼓舞し、陣頭に立って牽引していくことのできる我《われ》の部隊指揮官は、逆に敵の将軍から公然とバカにされることによって冷静な判断を邪魔され、かんたんに罠に陥るでしょう。

蓄財に超然《ちょうぜん》とし、賄賂を受け取らない性格の我《われ》の部隊指揮官を、敵はウソの宣伝で名誉を毀損《きそん》してやることによって悩ませ、怒らせ、手玉にとれるでしょう。

住民や新領民の苦しみや悩みを放っておけない性格の我《われ》の部隊指揮官を、敵は、長期の断続的なゲリラ式ハラスメント活動によって、すっかり疲労困憊《こんぱい》させてやることができましょう。

兵頭いわく

こうした美質があることをもって自薦《じせん》してきたり他薦されてくる将軍候補者たちを、戦争計画官・上級司令官たる孫武なら、かならずしも任用しなかったでしょうよ、その軍人判定眼にかなわぬ限りはね……と、君主に向かい、遊説者が主張したかったのでしょう。

箸《はし》にも棒にもかからぬ無能な不適格者を有事の部隊指揮官にしておいてはいけません。その排除人事の論拠を、『孫子』は、あらかじめテキストにしてくれているのです。

――「九変」篇　おわり

第9篇 行軍

孫子いわく

遠征軍の行軍途上での場所の選び方がいろいろとあります。また、敵部隊をおちついてみやぶる方法を、お話しします。

山地を通過するときは、谷筋をつたっていきなさい。ただしキャンプは、河原ではなくて、隷下《れいか》部隊が生命をやしない得て、しかも少し高くなっている地面に張りなさい。

移動中にもし、高い場所から降りてくる敵部隊と遭遇した場合には、傾斜を登りながら合戦しようとしてはいけません。

これが、山地における遠征軍の注意すべきことです。

川をわたったら、水辺にかたまってぐずぐずしていないで、広い縦深《じゅうしん》を占領し、部隊機動の弾力性を確保し、斥候《せっこう》を放ち、味方部隊のかくれ場所や、陣地にできるところをみつけなさい。

兵頭いわく

理由は、とつぜんあらわれた敵によって、我《われ》の「半渡」を逆襲され、殲滅《せんめつ》される恐れがあるからです。

敵部隊がもし川を越えて此岸《しがん》へやってこようとしたら、敵の先頭がまだこちらの岸《きし》に達しないうちは、わが部隊をかくしておきなさい。そして、敵部隊の約半数ほどがわたりおえたところをみはからって、一挙に我《われ》の部隊を川へ向けて突撃させなさい。

すると、敵には機動・展開の余地がなく、後詰《ごづ》めが前衛を救援することもできないため、パニックにおとしいれてやりやすく、有利なのであります。

敵の渡河を阻止しようと思ったら、こちらの岸ぎわに我《われ》の部隊をぴったりとはりつけていてはダメです。必ず川岸からは間合いをおいて守るようにしなさい。

兵頭いわく

敵は真の渡河点を我《われ》にさとられまいとして、上流や下流の数箇所で、陽動してきます。それに対して我《われ》が弾力的に処置するには、わが部隊は、岸からは離れていた方がよいはずです。

もし岸に接して我《われ》の部隊を配置していれば、上流や下流でひそかに渡河した敵の支隊がうしろに廻りこんだとき、我《われ》はおしまいです。

また、こちらが横に広く薄く分散しているところを、敵は一点に集中して突破し、我《われ》を逆包囲することだってできるでしょう。

キャンプは河原ではなく、少し高いところで、しかも部隊を養《やしな》いやすいところに設定し、もし川の上流方向から急な攻撃を受けたときは、あくまで高地によって抗戦するか、高所へしりぞきなさい。

これが、河川《かせん》のほとりでの遠征軍の心得です。

湿地帯を通過するときは、とにかく大慌てで湿地から立ち去ることをこころがけ、けっしてぐずぐずと留まろうとしてはいけません。

もし湿地中で敵部隊との交戦のやむなきにいたったときは、明瞭な川が流れていて草の生えているところを占位し、樹林をうしろだてにしなさい。

平らな開豁地《かいかつち》での理想的な位置どりは、右手および背後がやや標高が高くなっていて、自軍の前面には草木がなく、自軍の後ろには草木があることです。

以上の4つの心得は、太古のむかしからの経験則です。

兵頭いわく

坂をくだり下りてくる敵の農民兵たちは、後ろからどんどん味方に押されて、あともどりはできず、もう、目の前の敵に思い切ってぶつかって切り抜けるしかないという心境になっています。よって、そんな必死のてごわい集団とは当たるべからず、と教えています。

弓を射るときは、左前方へ射るのが、すなおです。持ち楯も、左手で支えます。

原文で「このようにして黄帝《こうてい》は四帝に勝ったのです」という謎の古代史がひ

――きあいに出されているところが異例で珍しい。そのように自分の知識を売り込んでいた「孫子」も、何人かいたのでしょう。

一般に兵士たちは、低い土地よりも高い土地に露営《ろえい》することを好み、日陰よりは陽《ひ》あたりのある場所を好みます。土が固くなく、湿った、寒い場所では、疲労した将兵はたちまち病気になやまされるものです。遠征部隊の大きなわざわいは、そのような疾病《しっぺい》による損失であります。

兵頭いわく

「これがわかっていれば必勝です」というコメントが流行本にはついているのですが、銀雀山竹簡にはありませんでした。

先秦《せんしん》時代のマクロ気候は、寒冷化に向かっており、過去の経験では温暖だったはずの黄河流域が、そうではなくなりつつありました。意識的な注意が求められたのだと思います。

――

小高くもりあがった丘や川の土手で野営するときは、日あたりがよいところを選び、そこで布陣を考える場合には、高くなっている側を、自陣の右もしくは背後にします。

山地の上流で降雨があって、その水流が下ってきたら、部隊の渡渉《としょう》を中止し、流勢がおちつくまで、待ちなさい。

兵頭いわく

流行本では「山地の上流で降雨があって、川面《かわも》がはげしく波立ってきたら、これから渡ろうとしていた部隊は、流勢がおちつくまで、待ちなさい」と書き換えられています。半渡で我《われ》の部隊の渡河を中止するのはいかにも下手なわけで、曹操の書き換えは、行きとどいた配慮のように思えます。

もし行軍中に、超越困難な谷川や、そこに部隊が入り込むと進退の自由をいちじるしく奪われかねない、そんな天然の地形・地盤・植生《しょくせい》状態にさしかかったなら、すみやかにそこを過ぎ去りなさい。いつまでもその近くにいてはなりません。

そうした土地を戦術の上で利用するときは、まず敵部隊をしてその近くへ位置させるよういざない、そして我《われ》は、敵部隊を、その難地《なんち》の方へ押して圧迫するように、攻め立てるのです。

――兵頭いわく

敵も我《われ》を殲滅するために同じことをたくらむので、できれば最初から味方部隊を難地には近寄らせないのが、安全です。

部隊が移動する途上に、地形がけわしいところ、水溜りや凹地《くぼち》、葦《あし》が生い茂った、小林や、草木が密生しているブッシュがあったなら、敵の伏兵がありえます。厄介なことが起こりうるので、よく念を入れて捜索をさせなさい。

わが兵が近寄っても、静かなままで居る敵は、陣地の地形の防護力が十分だと信じ、安心しているのです。

まだ我《われ》が接近せぬうちから、しきりに合戦を挑んでくる敵は、こちらが前進していくことを待ち望んでいるのです。

なんでもない平地に布陣している敵は、よい技量があるのでしょう。

多数の樹木が動いて見えるのは、密林中を敵の部隊がやってくるのです。

鹿砦《ろくさい》を並べ、あちこちに草を刈って積み重ねたり、束《たば》ね縛ったりしてあるのは、そこに防備ができていると我《われ》を疑わせる、敵の手でしょう。

兵頭いわく

Ｉ・Ｆ・チャンピオンは１９２６年の『ニューギニア探検記』のなかで、草を撚《よ》ったものを何かに縛りつけておけば、パプアではその物は決して盗まれないまじないの威力があった、と紹介していました。それが路上にあれば、敵人

——は遠く避けるのだそうです。

遠くの樹上の鳥がいっせいに飛び立つのが見えたら、その下で息をひそめてじっとしていた敵部隊に動きがあったのです。

複数の獣《けもの》がおどろいたように森の中をこちらへ逃げてきたら、その後方から、敵部隊が進んでくるしるしです。

遠くにひと筋の土埃《つちぼこり》が高く昇っているのは、戦車部隊がやってくるのです。

遠くに、広く低く土埃が舞ってみえるのは、歩兵部隊がやってくるのです。

敵の野営地から四方八方へ兵士多数が列をなして散っていくのは、燃料とするたきぎを刈りあつめる作業です。

少数の兵士が、本隊から離れたとみるやまた戻ってくるのは、夜営の準備に入っているのです。

敵の軍営にこちらから使者をつかわしたときに、応対の敵人の口上《こうじょう》がいやしくへりくだっているのに、武器をますます増やし整えているようすが見えたとしたら、敵将はすでに、こちらへの進撃を予定しているのです。

敵の部隊指揮官が何か強気なことを叫びながら、戦車数台をひきいてこちらにかけよせてきたら、それは本隊の退却をカバーするための牽制《けんせい》フェイントです。

高速の機動向きの戦車隊が敵営中からまず進み出てきて、敵の歩兵隊の側面に展開して整列したら、それは、即座に我《われ》と合戦ができる布陣です。

給養が欠乏したり困苦している様子も特に見られないのにもかかわらず、むこうから和を請《こ》うてきたら、それは、敵が、何か我《われ》をだますつもりです。

敵営の士卒がかけずりまわって部隊を整列させていたら、敵将は、まもなく合戦を開始することを決意して下達《かたつ》したのです。

敵部隊が我《われ》との中間まで進み出ながら自主的に止まったら、それは、我《われ》を挑発して誘い入れ、横槍《よこやり》を入れたり、包囲してやろうとするたくらみです。

兵頭いわく

流行本では、「敵部隊が、ちょっとだけ進んだり、あるいは、ちょっとだけ後退して止まったら」となっています。

しかし、いきなり全部隊が後退する「おびきよせ」というのは考えにくいので、歴代の解釈者は、敵の横隊《おうたい》の片翼が前進し、片翼が後退するのか……？などと、誤読に輪をかけてきたのです。

敵兵たちが皆、戈《ほこ》や戟《げき》の長い柄《え》によりかかるようにして立っていたら、敵部隊はすでに飢えたのです。

水場へ水を汲みに出された敵の雑兵たちが、まず自分でガブガブと飲んでいるようであるならば、敵の部隊ぜんぶが、すでに水に困っているのです。

こちらが、まずい不手際をして敵に乗《じょう》ぜられる隙をつくってしまったのに、それを見た敵がいっこう進んで来ようともしないのならば、敵はもうすでに疲れ、戦陣に倦《う》んでいます。

敵の陣屋に鳥が集まっているのが見えたなら、敵はいつのまにか逃げ去りました。

敵の夜営地の方向から、夜間に叫び騒ぐ声が頻々《ひんぴん》と聞こえるようだったら、敵は我《われ》の出方を恐れています。

敵部隊内が不統制でさわがしいのは、敵の指揮官に統率力がないのです。

旗《はた》さしものにいっこうに落ち着きがみられないのは、規律と団結が甘い部隊です。

敵部隊内の幹部たちが怒っている様子があれば、敵の士卒は、長陣にあきあきして、だらしなくなっているのです。

兵糧である貴重な穀物をまぐさ代わりに惜しみなく馬に食わせており、牛などの役獣を屠《ほふ》ってその肉を料理し、喫食《きつしょく》がおわると、煮炊き器と宴会時の打楽器を兼ねているだいじな素焼きがめをもはや気にもかけずに捨て置いて、いつもの寝ぐらに戻る様子も見られないようであれは、その敵部隊は、おいつめられてヤケになったのであり、死にものぐるいの反撃に出てきます。

敵部隊の幹部が、ねんごろに神妙《しんみょう》に、語尾も消え入りがちに、兵隊たちに語りかけている様子がみえたら、敵の将軍は、兵隊たちの信頼を失なっているのです。

――兵頭いわく

銀雀山竹簡で「間間」とあるところ、流行本では「翕翕」と変えられており、それだと、「幹部の静かな話を聞いていた兵隊たちが、鳥がいっせいに飛びたつように騒ぎ立てる。それに対して幹部がなおゆっくりと説得をしようとしている」といった情景が連想されるようにおもいます。

敵の指揮官がたてつづけに兵卒を褒賞《ほうしょう》していたり、逆にしきりに兵卒を罰しているのは、ゆきづまって苦しんでいるのです。

敵部隊の幹部が、さいしょはたけだけしく部下兵卒をあつかっていたのに、その後に、兵卒たちを畏《おそ》れているような様子がみえるのは、訓練ができておらず、団結していない、士気もふるわない、ダメ部隊の見本です。

敵営から軍使が礼物《れいもつ》をもってやってきて、我《われ》の将軍にわびをいれるのは、休息を欲しているのです。

敵部隊の兵士がみな怒りに燃えて、闘いたい様子で、我《われ》から顔がみえる距離まで進み出てきたのに、そこでなぜか合戦をしようとはせず、また、我《われ》から顔が見えなくなるほど遠くへも去ろうとしないでいるのならば、我《われ》の指揮官は大いに警戒して、敵の狙いを考えなくてはいけません。

数多く合戦しても、よいことはありません。軽々しく敵とぶつかろうとは思わずに、我《われ》の力をあわせ、敵部隊の実力をつかみ、敵の弱点にはたらきかけて、敵部隊を降参させなさい。

よく考えもせず、敵をなめてかかった遠征軍は、かならず逆に敗滅させられ、生き残りの将兵が皆、捕虜《ほりょ》とされてしまうのがオチです。

指揮官が、あらたに編成された遠征部隊の下級兵たちを確実に統御するためには、まだ懇意《こんい》な信頼関係が少しもできあがらぬうちから彼らを厳しく叱ったり、いきなり罰則をあてはめてはいけません。それでは実戦に臨《のぞ》んで命令を下しても、部下はまじめに遂行してはくれず、役に立ちません。
ですが、ひとたび指揮官が、下級兵たちとのあいだに格別な信頼関係をつくったなら、こんどは、仮借《かしゃく》のない怒鳴りつけと加罰《かばつ》権の行使が必要であります。罰されることのない部隊は、実戦ではつかいものになりませんので。

兵頭いわく

戦争は、親睦《しんぼく》クラブのピクニックではなく、まわりじゅうが敵である中での不規律は、味方部隊の全滅につながります。一人の不服従者といえども致命的なのであります。

指揮官が徴用した農民兵士たちをなつけるのは、親しい交わりによらねばなりません。しかし、彼ら全員に一斉に命令を実行させるためには、どうしても、訓練の段階から、罰による威圧や強制が伴なわなければなりません。
そこがあらかじめできていれば、「これならうまくいく」と思えるような遠征部隊となります。

遠征の前から集団で厳しい演錬《えんれん》をくりかえしていれば、ほんものの敵軍をすぐ目の前にして将軍がどのような指示・命令を出しても、農民兵たちは従い、実行しましょう。

しかし平時からの軍事訓練をろくにしていない、にわかづくりな遠征部隊ですと、かんじんなときに、下卒が命令を実行しないという、おそろしい事態に直面します。

平素から、人民を遠征部隊でつかえるように訓練しておきなさい。さすれば、部隊の上下は常に一心同体であり、戦地でも、まことに心強いものです。

兵頭いわく

日本の最初期の軍学者である山鹿素行《やまがそこう》の「素行」という号《ごう》（名乗り）は、この『孫子』第9篇の末尾部分に出てまいります、〈平素から人民が遠征部隊の

——集団行動によく慣れるようにしよう〉という意味の「素行」を、意識したものではないかと思われます。

——「行軍」篇　おわり

第10篇

地形

孫子いわく

部隊指揮官が気をつけなければならぬ戦場地形は、およそ以下の6種類に分けて覚えます。

まず、我《われ》がそこに行くことが容易であるし、敵もそこに来ることが容易にできる、という土地であります。

このような戦場では、我《われ》は、少し高くて陽あたりの良いところへ先に占位しておき、糧道を遮断されぬように注意しながら、敵と戦うべきであります。

兵頭いわく

この「地形」篇ぜんたいが、他の篇と比べて格調が劣ります。反論可能な話ばかりが多くて、深みがないのです。

もともとの孫子兵法にフィールド・マニュアル的な要素が少なかったために、諸侯《しょこう》からハウ・ツー式な知識を求められた遊説家が、勝手に『孫子』として付け足しているのではないか？　そんなふうにも疑わざるを得ません。

銀雀山の漢代の墓から1972年に出土した竹簡の『孫子』に、この「地形」篇だけが見当たらぬことも、このような疑いを補強するものです。
この篇の抄訳《しょうやく》にあたっては、文章をならべかえました。

つぎに、我《われ》がそこに行くことは可能であるが、車輛がひっかかるような地物《ちぶつ》・植生等のために、そこから戻ってくることに時間がかかってしまう、そのような土地があります。

そのような戦場では、敵が油断しきってロクな戦闘の用意もしていないような場合のみ、我《われ》は進出して勝てるでしょう。けれども、もし敵に備えがあれば、我《われ》は進出しても勝つことはむずかしく、しかも、撤退もまた危険になるでしょう。得することは無いでしょう。

我《われ》がそこへ進出すれば不便であり、敵がそこへ進出してもやはり不便な場所があります。

そのような戦場では、敵がたくみに誘いをかけてきても、我《われ》はその手にのって進出してはいけません。

むしろ、そのような場所から我《われ》はひきさがって、敵の進出を誘い、敵部隊の半分がそこへ到達したところで、我《われ》も攻撃に出ると、有利です。

兵頭いわく

我《われ》の防禦築城《ちくじょう》の前方にひろがる泥濘地《でいねいち》のような場所が、これに該当するでしょう。

ボトルネック地形は、もし我《われ》が先占《せんせん》できたならば、そこを手兵にて充満させて、敵が押し通ろうとするのを待ちなさい。

もし敵がそこを先占して、彼の手兵で充満させていたなら、そこを強《し》いて突破しようと考えてはなりません。

しかし敵の守備が手薄であると思ったら、攻撃するのが有利な場合もあります。

兵頭いわく

どちらの兵も、死守・死戦は考えないのです。

高低差が大きい障害地形では、我《われ》が先占する場合には、高いところ、もしくは陽のあたるところに布陣して、敵を待ちなさい。

もし敵がそこを先占していたなら、だまってひきさがりなさい。誘い込まれて合戦してはなりません。

彼我《ひが》両軍のどちらからもかなりの遠距離にある場所は、彼我の勢いが均《ひと》しければ、争って勝つうまい方法は、みつかりにくいでしょう。

部隊が負けてしまう、よくあるパターンが6つあります。そうなってしまうのは、いずれも、将軍が悪いのであります。

ここからしばらく、この篇のなかでも、比較的に聞くべき価値のある話が続きます。

兵頭いわく

まず、特別な精鋭でもないのに、敵部隊の十分の一の小兵力での攻撃を命じたりすれば、わが部下たちはすぐに怖気《おじけ》づいて、逃げ走ることになりましょう。

下級卒が強いのに、下級指揮官が弱いと、部隊は規律を失ない、怠けがちになります。

逆に、下級指揮官が強いのに、下級卒が弱いと、穴の中に落ち込むように、部隊は捕虜になってしまうでしょう。

中級指揮官が、将軍から叱責されたものの内心では服せず、敵と遭遇するや、上司への反発の感情から、独断で自隊をひきいて合戦を始めてしまうことがあります。将軍が部下のこのようなキャラクターを知らないで一翼を任せることにより、わが部隊はバラバラに崩れてしまうのです。

将軍が弱くて厳しさがない。決心も命令もハッキリと言わない。中級指揮官も下級兵も、整列すらまともにできない。そんな風では、部隊は乱れてしまいます。

将軍が敵部隊の戦力を的確に見積もることができず、我《われ》の寡少《かしょう》の前衛隊を敵の大部隊にぶつけたり、我《われ》の弱兵の翼で敵部隊の堅固な翼を攻撃させるなどし、適切なマッチングを考慮することができないのだと知れ渡ると、部隊は戦意を喪《な》くして背走するだけでしょう。

地形は部隊の助けになるものです。すぐれた将軍は、敵の戦力と意図を推知し、それを、戦場と見込む地形のけわしさ、せまさ、遠近と、勘案《かんあん》せねばなりません。

それがよくわかっていて、合戦を画策するならば、確実な勝利があり得ます。それがよくわかっていないのに、合戦を画策すれば、敗れます。

ゆえに、すぐれた将軍が、これは必ず勝てる道理があると判断できたなら、君主が戦うなといっても戦うべきです。すぐれた将軍が、これでは勝つ道理はないと判断するなら、君主が必ず戦えといっても、戦わずとも可《よ》いのです。

兵頭いわく

この前後の原文の「故」は、例外的に「ゆえに」と訳してもおちつきます。孫子が数十人もおり、それぞれの持ち伝えが、やはり複数の編纂者の手によって「引用・貼り付け」されている集合知《しゅうごうち》が『孫子』だと考えれば、そのような文辞上の不統一は、特に不思議でもなくなるでしょう。

本国での自分の名声を求めるためでなく本国の利益のために進撃を命じ、また、本国での自分への非難譴責《けんせき》を覚悟の上で兵卒国民の保健のために退却を指揮する、そのような将軍は、国の宝と申すべきであります。

ふだん、兵卒の身体をあたかも嬰児《えいじ》のごとくに配慮している指揮官であればこそ、彼らとともに奈落の底のような危険なところへも赴《おもむ》くことができるのです。ふだん、兵卒の感情をあたかも愛息《あいそく》のように気遣う指揮官であればこそ、彼らと倶《とも》に死ぬことが可能なのです。

しかし、兵卒に楽をさせるばかりで使うことのできない指揮官、兵卒に同情するばかりで命令することのできない指揮官、兵卒が規律を乱しても罰することができない指揮官は、いわば、わがまま息子を育てているバカ親のようなものです。部隊としても、何の役にも立たないでしょう。

兵頭いわく

これは、孫子先生にわざわざ教えられなくとも、誰でも分かりそうなことではないでしょうか？　しかし、ある時期のある地方では、このような教訓まで

――君主に噛《か》んで含めてやらないと、理解はされなかったのでしょう。

隷下《れいか》の兵卒が敵を攻撃できる状態にあることを知っていても、敵部隊に敗《やぶ》るべき弱みのないことが分からなければ、勝利は不確実です。

敵部隊に敗るべき弱みがあると分かっても、隷下の兵卒が敵を攻撃できる状態にないことを知らないとしたら、やはり勝利は不確実です。

敵部隊に敗るべき弱みがあると分かり、隷下の兵卒が敵を攻撃できる状態にあることを知っていても、地形がのぞましくないことを判断できなかったら、やはり勝利は不確実です。

戦争がよくわかっている司令官や将軍は、いよいよ動き出すときに迷いはありませんし、大きく動き出したあとで窮《きゅう》してしまうこともありません。

――兵頭いわく

これに続く末尾の十数文字は、孫子たちの中では劣ったレベルのつまらぬ知

——識人がつけたした、いかにも無内容なスローガンと思いますので、ジャンプして先へ参ります。

——「地形」篇　おわり

第11篇

九地

孫子いわく

戦地・戦場によって、士卒の心理はさまざまな影響を受け、それが結果を左右するものです。その、多種類のパターンについて、以下に解説します。

まず、我《われ》の兵卒を動員した領地の近くが戦場となって合戦が起きますと、隷下部隊は、兵卒がそれぞれの自宅を心配するあまり、つい、バラけて消散《しようさん》してしまうでしょう。

このような状況では、基本的に戦争を考えてはいけません。

兵頭いわく

すぐ前に挿入されている「地形」篇のマニュアル的な浅薄《せんぱく》さとはガラリと変わり、本篇では、いかにも『孫子』らしく思わせる、深みのある注意が、次々に呈示されます。

原文の「地」を、「状況」と読み替えることができます。地理のみが問題なのではありません。

「九」とは「多種の」という意味ですが、これを「9種類の」と誤解した無名

——の編集者がむりな細工をした痕跡《こんせき》もありそうです。

次に、外国領土内に侵入してまだ距離がそれほどでない戦地では、士卒の気分は、なにかと軽いものです。

このような状況では、部隊を途中で停止させると、徴集した農民兵たちが、故郷に逃げ帰ろうとするかもしれません。

次に、彼我《ひが》のどちらの部隊であれ、先にある地点を占拠した方が有利となる、そのような状況があります。大いに、その地点の先占《せんせん》を争うべきであります。最終目的地点に急行する途上で、敵の小さい要塞村のようなものを通りすがりに見かけても、そんなものにかかずらわって、攻撃しようなどと思ってはいけません。

次に、我《われ》の部隊がそこを通って行くこともできるし、敵の部隊がそこを通って来ることもできる、誰でもが交通しやすい地域があります。

そのような地域を、敵に利用させないようにすることは、無理です。

兵頭いわく

幕末以来の日本にとっての太平洋は、まさしくこの孫子のいう「交地《こうち》」でしたろう。ミクロネシアをいくら要塞化したとしても「アンチ・アクセス」など無理だったのです。

次に、3つ以上の勢力が支配力を重複して及ぼしていて、我《われ》がそこへ敵部隊よりも早く到達できれば、おびただしい人民をわがものにできる、そんな地域があります。

このような地域では、すべての有力者とよしみを通ずるようにしなさい。

次に、我《われ》の部隊が外国領土内に深々と侵入し、経路《けいろ》をふりかえれば、外国人がたてこもる要塞都市や、敵の警備隊が立ち寄る村がいくつもあるという、そんな戦地となりますと、士卒の気分はすっかり重いものです。

このような状況では、兵隊たちに村々を掠奪させ、糧秣の不自由をさせないようにしなさい。

次に、山が険《けわ》しく植生は進みにくく、あるいは地盤が水びたしの悪路をどうしても通って行かねばならぬ、そんな場合もあります。

そのような状況では、とにかく早く通過してしまうことです。

次に、周囲に障害があり、その中へ入り込む通路は狭くるしく、そこから出て帰国しようとすれば遠回りになってしまう、そして、少数の敵部隊が多数の我《われ》の部隊を攻撃できる、そんな戦地もあります。

このような状況では、部下を意図的に敵の包囲下に置いて奮戦を促したり、敵将のたくらみのその裏を掻《か》くような思いきった奇策が、我《われ》の指揮官に求められます。

次に、すばやい合戦を無我夢中になってしおおせた場合にのみ生き残ることができ、すこしでも怠け心を抱いたらば殲滅《せんめつ》されてしまう、そんな生死のガケっぷちに立たされているということが、将兵の誰にでも納得できるような状況もあります。

このような状況をこちらから求めてこそ、徴集農民兵からなる我《われ》の部隊の上下は一致団結してひたぶるに闘い抜くほかなくなるのであります。

兵頭いわく

読者は原文の6番目の「死地」という字面《じづら》から、地獄のような、必ず避けるべき場所を連想するかもしれませんが、孫子に言わせれば、その状況こそ、当時の指揮官たちが希求する価値のある天国のひとつだったのです。ネガティブな言葉ではなく、ポジティブな、ただし、稀にしか得られず、指揮官じしんも命を捨てるかもしれないという極限状況。そんな語感です。

なにしろ、そこでは敵国人が我《われ》の投降をうけつけてくれないのですから、「逃げるな」とか「最後の一兵になっても戦え」とか督励《とくれい》せずとも、農民兵たちが勝手に団結して死に物狂いの戦闘をやって敵に最大限の脅威を与えてくれますよね。無能・無徳《むとく》なダメ指揮官にとっては、むしろ任務達成が楽になるところなのです。

西洋では、「ピュロス王の勝利（Pyrrhic victory）」といって、会戦で幾度敵を圧倒できても、味方の死傷もまた甚大となった場合、それはひきあうか、という自問をします。しかし孫子の「死地」の状況では、この「ピュロス王の勝利」は想定されてはおりません。なぜなら、敵軍の下級兵も農民の徴用兵なので、こちらが決死の奮戦を挑《いど》めば、退却するか投降するものと信じられているからです。

むかしから言い伝えられている、戦闘のうまい指揮官は、敵部隊の前衛と本隊と後衛とが互いに連携ができないようにしてしまいます。また、敵部隊の本隊と支隊を各個に撃破し、敵部隊の上級者と下級者がたすけあえないようにし、敵の兵卒がバラバラに逃げ出すようにし、集まったとしても隊伍は組ませません。

我《われ》の分進部隊は、勝てるすじみちが見えたときに、合撃をするために敵部隊との間合いをゼロにまで詰めるべきであります。勝てるすじみちがまだ見えないときには合撃をひかえ、間合いをゼロにまで詰めるべきではありません。

兵頭いわく

この一文は、前の文とはつながっていないのではないか、とわたくしは考えます。

その次の一文が「敢《あ》えて問う」と異例のスタイルで始まっており、どうも後から挿入されたブロックのように見えます。とすれば、その前にあるこの一文も、別系統の伝承からカット&ペーストされた切片《せっぺん》であるかもしれません。

ある国で、たずねられたことがあります。

――隣の敵国は人民が多く、軍事訓練はすでに精到な模様である。それが、もうじきにわが国を侵略してきそうな気配。その来襲を待つばかりの我《われ》としては、今からどうしたら敵の強欲を拒止《きょし》できようぞ――と。

そこで、おこたえをしました。

——その隣国の政府・人民がいみじく愛している資産・利権・福祉のようなものを、先に貴国が奪い取ってしまいなさい。その立場から、平和的共存のための対等な交渉を始められるでしょう——と。

戦争では、人数は、大きな勝敗要因であります。けれども、自軍の総人数が敵軍の総人数におよばなかったとしても、あきらめてはいけません。

なんとなれば、敵人の思いもよらぬ道をつたって、敵人が警戒部隊をほとんど配備していなかった目的物を攻略することは、すぐれた戦争指導者や将軍には、たいていい可能だからであります。

兵頭いわく

流行本では「速を主とす」。しかし銀雀山竹簡は「數を主とす」になっております。「數」は「速」に通じるのだと、武内義雄氏は指摘しています。わたくしは、前後の文脈から、あえて人数のことだとして訳してみます。

およそ部隊が敵地に深く侵入すれば、部隊は指揮官を中心に、一つに固くまとまります。そのような理想的なコンディションとなった我《われ》の部隊に、敵国の郷土《きようど》防衛力は、歯が立ちません。

糧食がゆたかに蓄積された敵の土地を掠《かす》めて通れば、我《われ》はどんな大人数であっても、飢餓にくるしむこともありません。

部下の給養の充実をこころがけ、疲労させないように気づかい、一つの目的意識を抱かせ、戦力を減少させぬようにし、反乱を起こされないように諸事を企画しなさい。

理想的な団結状態に仕上げた隷下部隊を、逃げ匿《かく》れする余地のない戦場へ投入すれば、プロ軍人でない者までもが自発的に規律を守り、上長《じようちよう》を信頼し、死力を尽くしてくれます。

この状況以外では、農民を動員した、にわか兵卒の全員に、必死の奮戦を求めることなど、できないでしょう。

兵頭いわく

抄訳しています。このあたり、あるテーマが大同小異の複数の表現、つまり複数の出典からの引用で、繰り返し懇切に強調されます。ここは「九地」篇中の最重要ポイントだったでしょう。

「武経七書《ぶけいしちしょ》」のひとつで、孫子の解説書でもある『唐太宗《とうたいそう》・李衛公問対《りえいこうもんたい》』の著者に擬《ぎ》されています名将・李靖《りせい》。その李靖の後継者たちが率いた唐の遠征軍が、663年に日本の遠征軍を敗り、百済を滅亡させました。

次はいよいよ唐軍が日本本土にも押し渡るのではないかと予期され、日本政府は667年には首都を海岸線から離れた大津に移すなど、てんやわんやになります。

いらい百年前後、大陸でも日本でも内乱や外征や疫病が連続した緊迫の時代に、留学テクノクラートの吉備真備《きびのまきび》を通じて本朝がまず学習しようとした知識が「諸葛亮《しょかつりょう》ガ八陣《はちじん》、孫子ガ九地、及ヒ結營ノ向背」であったことが、『続日本《しょくにほん》紀《ぎ》』の西暦760（天平寶字《ほうじ》4）年の記載から、うかがえます。

当時の日本の指導的知識人には、この九地篇のもとになった諸本こそが「農民総動員戦争術」の秘伝的マニュアルの核心だろうと判断できたのです。ただしわが国がその流儀を採用すべきだとは、ナショナリズムに燃えた彼らは誰も思っていませんでした。むしろ、唐軍が北九州に来襲すれば、シナ兵がここで謂《い》われる「死地」に置かれた理想的猛兵《もうへい》となって暴れまくるおそれがあるので、「敵を知るべし」という学習であったのではないかと、兵頭には思えます。

第二次大戦末期、がんらいノンビリ屋で、戦前にはエリート軍人をほとんど輩出していないような沖縄の県民が、他県出身の指揮官たちの下、鞏固《きようこ》に団結して文字通りの死戦をしたのは、その状況が、司令官すらも生還を期さぬ「死地」となっていたからに他なりません。

「めでたいしるしが出た」とか「不吉なしるしがある」——などという迷信の占《うらな》いごとを、陣中でしたり、させてはいけません。それよりも「もうやるしかないんだ」という状況を作為することを考えなさい。

「もう私物などいるものか」と、最後の一戦を前に兵士たちが携行してきた物品を放り出すのは、なにも財産や豊かな暮らしが大嫌いだからではないでしょう。

ないのです。

「もう戦死することに決めた」と揚言《ようげん》するのも、なにも生存したくないからではないのです。

全滅か勝利かをかけた血戦開始をいよいよ隷下部隊に命ずるとき、将軍は演説をしなさい。それは、健強な将兵も、病弱な将兵も、聞いて涙を流して発奮するような話でなければいけません。

逃げ場などないという状況に立ち至れば、いかなる懦夫《だふ》ですら、いにしえの伝説的な刺客《しかく》たちのように勇敢にはたらいてくれます。

兵頭いわく

演説や人づきあいに感動して命を捨てようとまでする。そんな動物は、人間の外にはいません。政治哲学を修めたい人は、『孫子』を真剣に研究すべきでしょう。

たくみに運用される遠征部隊は、まるで「率然《そつぜん》」とか「衛然」とか称される、謎の古代生物のように、有機的に反応します。「恒山《こうざん》」に棲《す》んでいるとされますこの毒蛇に類する生き物は、外敵からもしその頭を攻撃されれば尾が救援をし、尾が攻撃されれば頭が救援をし、まんなかを攻撃されれば頭と尾が同時に救援をするのであります。

兵頭いわく

「衛然」は銀雀山竹簡の用字です。

また「常山」については昔から、漢朝の文帝の諱《いみな》を避けて、「恒」の字が「常」に変えられていると考えられておりましたが、はたせるかな、銀雀山竹簡は、「恒山」でした。(ちなみに、孔子の諱を避けて「丘」の字はよく「邱」とされることがあり、唐の太宗の「李世民《りせいみん》」の「民」が諱とされて「人」に書き換えられたこともあったようです。)

旧著『軍学考』では、このヘビは蠍《サソリ》とどう違うのかという疑問を書きました。しかし広い世界のこと、とっくに絶滅してしまったもっと珍妙な古代海洋生物の化石を、どこか遠い異域で目撃した者のワンダラスな伝聞が残っていた

——のだとしても、あながち無理でもありますまい。

ある国で、たずねられたことがあります。

——徴集したばかりの農民兵からなる部隊を、その神秘的な蛇のように、有機的に一体に戦闘させることは、はたしてできることなのであろうか——と。

そこで、おこたえをしました。

揚子江下流の南岸にある「呉」の国と、杭州湾の南側にある「越」の国は、言語も風習も異なった仇敵《きゅうてき》同士です。しかし、小舟で大きな川を渡るときに、たまたま乗り合わせた呉人と越人は、あたかも左右の手のように互いに救い合って進みます。

この状態にくらべたら、たとえば部隊指揮官が部下の敵前遁逃《とんとう》を懸念するあまり、傷ついた輓馬《ばんば》たちを舟橋のようにつながせて動けなくしたり、戦車の輪も地面に半分埋めさせる、といった措置など、まるでたのみにはならぬものでしょう。

兵頭いわく

呉越同舟《ごえつどうしゅう》のたとえ話です。揚子江は呉の北側を流れています。このたとえ話で想起される水面ではないのでしょう。

将軍は、部下将兵の勇気を、一つに揃えなければなりません。部下将兵の心が強くなったり弱くなったりするのは、投入された状況の作用が決定的なのであります。

兵頭いわく

この篇の原文の「地」は、土地のことではありません。もっと意味が広く、各人が置かれた立場のことです。

馬を縛るなどして戦車を動かせないようにして指揮官が絶対に退却せぬ決意を表明するというのは、武内義雄氏によれば『楚辞《そじ》』(中心的作者の屈原《くつげん》が自殺したのが紀元前277年)に見えている演出だそうです。

1937年の支那事変中に、抗日思想に燃えた国民党兵の一部が、トーチカ内の重機関銃におのれの身体を鎖《くさり》で縛着《ばくちゃく》して、絶対退却しない意思を仲間に示して鼓舞し合ったという例が思い出されます。

逆に見ると、シナでは兵隊は、状況これをゆるせば、いともイージーに退却するものなのだという共通認識が、2000年以上、存続しているのです。

この短い2文はどちらも「也」で終止しています。もとは別々な文典からの「カット&ペースト」なのかもしれません。

次の文とも脈絡していますが、次の文は「故」(＝ここからあたらしい話を始めるという記号）で始まっています。やはり、もとは別な文典からの「カット&ペースト」かもしれません。

部隊運用のうまい指揮官は、あたかもただ一人の男になにかをさせるように、部隊全員を共働させてしまいます。これは、そのように協力せざるをえないような状況に、部隊を追い込むからです。

将軍は、隷下《れいか》の将兵にすべてを説明したり知らせることはありません。将軍とはそういうものなのだと、部下にはうけとめさせなさい。
将軍は、隷下の士卒に、すべてを見せたり聞かせたりしません。彼らは、すべてを知る必要はないのです。

兵頭いわく

戦争では敵があり、有能さでは互角の敵将と、決心や反応のスピードを競います。いちいち得ている情報を部下全員に知らせ、自分の刻々《こっこく》の決心を説明し、納得させていこうとしたならば、敵の決心や反応のスピードに負けてしまうのは必定でしょう。だいいち、敵がこちらの作戦をすべて事前に察知して、「裏の裏」を掻けることになります。

「民主主義」で近代的な軍隊を建設し、且《か》つ維持することはできます。これは、軍政（＝政府の国防省の領域）であり、議会が予算を通じて、また政府が警察を使って統御できる分野です。（戦前の日本国のみこれに失敗しましたのは、内務省の警察武力が弱小に過ぎ、内閣総理大臣が憲兵隊を指揮できぬ明治の制度が放置され、また陸軍大学校卒のエリート幕僚の身分が今日の高級公務員たちと同じく非常識なまでに保護されていて、陸軍大臣にすら馘首《かくしゅ》や降等などが事実上できなかったためです。）

しかし、ウォルター・リップマンが結論したように、こんごいくら時代が変わっても、「民主主義」の流儀で、戦争の指揮（軍令）を考えることは不可能です。

だからこそ近代の憲法と軍法（戦時国際法）は截然《せつぜん》と分かれているのであり、職業軍人は、シビリアンや宗教家や警察官とは世界を異にした、特異な身分だとされるのです。

遠征軍の指揮官は、決心を、誰とも相談せずに変更してかまいません。味方の誰一人も将軍の真の胸《むね》の内を知らないようであれば、理想的です。味方の部隊は同じ場所に何日も停留せず、交通路もしばしば変更しましょう。味方にすら予期しえないことを、敵は予期しにくいでしょう。

将軍は、隷下の遠征部隊を、愚かな羊の群れを牧者《ぼくしゃ》が追い立てるようにして、事前にそうとは知らせずに、敵国の深いところにある決戦場までつれていってしまいなさい。そして、高いところへ梯子《はしご》で人を登らせてからその梯子を外すように、いきなりに、「おまえたち、ここで決戦だ」と言いなさい。かくすることで、我《われ》の部隊は、ボウガンに矢をつがえたのと同じ状態になります。あとは指揮官が、ボウガンの引き金を引くだけであります。

兵頭いわく

流行本では「焚舟破釜」の4字が入っているのですが、銀雀山竹簡には、ハシゴのたとえばなしと、群羊《ぐんよう》のたとえばなししか、ありませんでした。

全軍のおびただしい将兵を危険な戦地に投ずるのは将軍の役目です。それには、戦地のさまざまな状況が将兵の精神に及ぼす影響を理解し、あるときは強い言葉で従わせ、またあるときはやさしい言葉でなだめ、ときに嘘を言い、ときに真を語るなど、人情の操作術を、身につけなければなりません。

兵頭いわく

このあと、過去ほとんどの評釈者が「ここには錯簡《さっかん》があるのだろう」と疑ってきた重複が出てまいります。すなわち、この第11篇の冒頭や、その前の「地形」篇とも一部重なる説明が、大同小異の内容でなぜか反復されるわけです。

が、発掘された漢墓《かんぼ》の竹簡の「孫子兵法」にも、この重複があったのでした。どうやら曹操より後の時代の追加ではなさそうです。

兵頭はこう考えます。この「九地」篇は、春秋時代から戦国時代への遷移期にとつじょ需要が増えた〈農民徴集使役戦争術〉の指南書（それは諸侯や遊説家の数だけバージョンが存在した）を全国各地から寄せ集め、捨て難い「差分」を抽出《ちゅうしゅつ》し、順番をラフに整えたのみで合成してみた、それだけで独立した（ただし「孫子」は名乗った）参考資料だったんでしょう。

複数人が書き残した思想が、統一も整理もされずに、採録されたそのまま、羅列されているのでしょう。だから矛盾や齟齬《そご》があります。

新井白石は、この「九地」の出来が、「計」篇の統一性や崇高さと比べてあまりに見劣りがすることの謎に、悩みました。

テキストのどの部分に孫武がかかわったものなのか、それはもう分からぬことです。わたくしとしては、曹操が諸本を見比べて「九地」篇の冒頭に配列してよいと判断した部分は、「九地」篇の後半部分よりも興味深い、と言えるのみです。

以下に示します抄訳は、兵頭が竹簡文のネーミングも見たうえで存分に編集したものです。白石の『孫武兵法擇副言』に倣《なら》い、分離されている上の文と下の文をくっつけたりしています。これも、「数十人の孫子」の識見のオムニバスなのだ、と思ってお読みください。

およそ敵地に深く入れば、徴集して連れてきた農民兵たちはおのずと団結しますが、侵入距離が浅いうちは、気のすすまぬ農民兵たちは、隙あらば郷里の自分の家へ逃げ戻ろうと考えるものです。

敵国領に侵入してからの道程がすこぶる浅いところでは、指揮官は、部隊の志《こころざし》を一つにまとめるようにします。

敵国領に侵入してからの道程がまだやや浅いところでは、兵卒を威嚇して縮み上がらせ、隊伍の間隔を緊密に維持させることによって、兵卒の逃亡を予防します。

流通が四達《したつ》するエリアでは、将軍は、新しい同盟者や、好意的中立をしてくれる他の共同体を、できるだけ増やします。

交通の要所では、将軍は、沿道の有力者たちの機嫌を損ねないように意を配ります。

国境を越えた戦地は、うしろを絶たれた状況です。

敵国に深く侵入したところでは、将軍は、糧食の確保に努めます。

どうしても敵の部隊よりも早く占領してしまいたい場所へは、選抜支隊を間道《かんどう》から先行させて、将軍と本隊は、それにおくれて急行します。この状況では、将軍は部下に休憩をゆるしません。

敵国領の深いところでは、我《われ》の部隊の行進縦隊があまり前後に間延《まの》びしすぎないよう注意し、後尾が確実に追及してくるよう監督し、落伍を防止します。

どうにも運動のし難いひどい土地では、ひたすら道を急ぎます。

どこにも逃げ道がない戦場は「窮地」です。

背後に十分な地形障害があって、前方が狭隘《きょうあい》である囲まれた場所では、将軍は、自軍の逃げ道になりそうな方面を、わざと閉塞《へいそく》させます。

背後に十分な地形障害があって、前面に敵が布陣しているような状況は「死地」です。

どこにも逃げ場がなく、前面に敵があるところでは、将軍は部下の指揮官たちに、ここでは生き残ることをもう考えないぞ、との決意を示します。

下級兵たちは、囲まれれば防禦に専心するものであり、やむをえなければ闘うものです。そして、大ピンチが過ぎ去れば、以後はその体験を共有する将軍に親しい感情を抱いて心服します。

兵頭いわく

ナポレオンの合戦前の演説は、ベテラン将兵たちに、過去の幾度もの合戦、すなわち自分と危難を共有して乗り越えてきた経歴について思い出させ、自信と誇りとナポレオンへの信頼心を、あらためて喚起させるものが多かったよう

――です。

近隣の有力者たちのおもわくをあらかじめ察知しておきませんと、うまい外交はできません。

地形が険悪なところでは、現地に通暁《つうぎょう》した道案内人がどうしても必要で、それなしには敵の裏を掻《か》くことなどできません。

戦術の書が教える、多数のシチュエーションについて、ひとつもわきまえておらないような遠征部隊であったなら、どうして覇権をとなえることがなりましょうか。

覇権を手にしようという国が、近隣の大国を征伐するときは、その敵国内の人民が団結できないように、またその敵国の外交がすべてうまくいかないように、硬軟の工作を加えるものです。

かくすれば、なにもその敵国と競争して第三国の機嫌《きげん》をとったりする必要もなく、たんに威圧をおよぼしてやるだけでも、その敵国の砦《とりで》は陥落しますし、首都を囲む大城壁はくずれおちるのです。

部下将兵に理由のない褒賞を与えたり、ムチャクチャな命令を下したりすることは、士気崩壊の端緒《たんしょ》ともなりかねないので、将軍は、厳にいましめなければなりません。

兵頭いわく

流行本ではこうなっています。

「有事のさいには、平時のシキタリを捨てなさい。部下将兵には、戦前の規定には無いような褒賞を、随時・随意に与えなさい。政令も、平時と異なるものを、どしどし発しなさい。このようにすれば、最高司令官は、徴集した農民兵たちの心に入り込んで支配することができます。大軍を、まるで一人の召使《めしつかい》を使うように動かすことができるのです」

これは曹操による編集でありまた創作なのだろうと思います。

将軍は、どんな大軍でも、まるで一人の召使を使うように動かさねばなりません。

それには、部下たちに、命令の理由を説明してはなりません。

また、部下に命令を遂行させる動機の強化は、罰や損害の予告によるのが有効であり、賞や利益の予告によるのは、よろしくありません。

兵頭いわく

曹操はこのブロックを前のブロックとくっつけたうえに、「部下に命令を遂行させる動機の強化は、賞や利益の予告によるのが有効であり、罰や損害の予告によるのは、すべきではありません」と改めたのです。

隷下部隊を「これはもうたすからぬ」というような状況につきおとしてやれば、部隊はついにはたすかります。

隷下部隊を「こうなったらもう死ぬしかないぜ」と思うような状況に陥れると、部隊は生き延びることができるものです。

大勢の徴集兵たちは、回避し難い大きな危害に強迫されて、はじめて必死敢闘《かんとう》するものだからです。

敵将の真の狙いを把握して、我《われ》が敵の術中にマンマとおちいりつつあるのだと思わせながら、敵部隊をどんどんひたすらに我《われ》の待ち設けた罠へ誘い込むことができれば、当初は千里も離れたところにいた敵将を敗死させることすら、可能になります。こういうのを「すごくできる戦争の天才」と呼ぶのですよ、エッヘン。

まず、遠征を開始しようという日には、他国へ往来が可能な国境の交通設備を破壊し、それまで自由な出入国を認めていた外国人へ与えている許可証の類もすべて無効にしてしまいます。これは、外国の諜者《ちょうじゃ》を厳重に排除して密議をこらす気なのだなと敵に思わせるためです。

廟堂《びょうどう》には、戦争指導部があつまり、いかにもそこで大事な戦争プランを相談しているような雰囲気をただよわせます。

そこに、敵の高級スパイは、必ずすみやかに潜入して聞き耳を立てようとすることでしょう。

そこで我《われ》の秘密工作チームは、我《われ》の一人の政府要人に反政府的な売国者を装わせ、その敵国の高級スパイに接触させて、ひそかにとりひきをもちかけるわけです。

すなわち、その高級スパイと、お互いに国家のことよりも個人的な欲望を満たし合おうではないかと相談し、我《われ》の部隊の行動予定、とくに夜営の予定地を、内通するのであります。

その情報をスパイから知らされた敵将は、我《われ》の部隊を、国境線からそれほど遠くない夜営予定地において一網打尽にしてやれとばかりに、そこまでわざわざやってきて、伏撃の包囲陣を布《し》こうとします。

そしてじっさいに我《われ》の遠征部隊は、敵が殲滅をたくらんでいるその場所で夜営をするべく、なにも警戒をしない態度のまま、進み入ります。

ところがこちらは、じつは敵のたくらみをすべてお見通しです。

敵部隊が我《われ》の夜営地に襲いかかろうと静かに間合いを詰め始めたときに、逆に我《われ》の部隊が敵将の裏を掻く猛チャージに出るのです。

まあ、さいしょはいかにも箱入り娘のように、室内で静かにして居る。そこに夜這《よば》いの男がやってきて、そっと戸を開ける。すると中から、いきなり兎《うさぎ》が飛び出すような勢いで、我《われ》の大部隊が突出してくるというわけです。敵はとうてい、拒《ふせ》げるものではありませぬて……。

兵頭いわく

最後のブロックは、大道説法術のようなものです。卑俗《ひぞく》なたとえで王様の興味を逸《そ》らさずに、笑いをとって、ありえないようなできすぎた話で、感心させているのです。原文の「是故」の前と後とは、もともと別な成立であるのを、くっつけたのでしょう。何十人もいた「孫子」の一人が、遊説のためにあみだした小話でしょう。

そして歴代の編纂者は、あまりにも面白いので、これを捨てるのが惜しかったのでしょう。

なお、九地篇の最後にスパイの話が出てくるところからも、幕末の篠崎司《しのざきし》直《ちょく》は1846（弘化3）年刊の『孫子発微』において、第12篇としては火攻篇ではなく用間篇をもってくるのが宜《よろ》しかろうとし、それを戦前に武内義雄氏が支持していますが、考えすぎというものです。

——「九地」篇　おわり

第12篇

火攻

孫子いわく

およそ、我《われ》が利用して敵を攻め苛《さいな》む火炎の効果にも、いくつかがあります。

まず、敵の散兵《さんぺい》や警備兵や宿営所を焼き立てる。

また、敵の小部隊がかきあつめようとした村落の糧秣を焼いてしまう。

また、敵部隊に付随する、カバー付きの荷車の列を焼いてしまう。

また、敵部隊が依存する、都市に属する補給倉庫を燃やしてしまう。

また、敵部隊の攻城用の機械（設備）や、後方連絡線上の橋梁《きょうりょう》、崖際《がけぎわ》の桟道《さんどう》（かけはし）を焼き落としてしまう。


いずれにしても火は人工的に起こさなければならぬものです。

火の気のないところで火を発生させるには、とうぜん、そのための道具が必要です。


火攻めは、狙うによい時があります。また火勢を猛烈にしやすい日があります。

大気や地表が乾燥していないと、着火にも延焼にも不都合です。そのうえでさらに、火の粉《こ》を広く遠く飛ばす風が起きることが願わしい。だから、適度な風が吹く日を、暦や観天望気《かんてんぼうき》によって予想すべきでしょう。

敵の陣営内で火災が発生し、敵兵らが大騒ぎになったら、外で待機していた我《われ》の部隊は、すかさずその敵営を攻撃しましょう。

もし、火焔《かえん》が生じているのに敵陣内があくまでシーンとしたままなら、敵はこちらの企図を承知してなにかの策をめぐらせたのかもしれないので、我《われ》は攻撃を控えて、しばらく様子をうかがいます。

たけなわになった炎が燃え尽きるまでも待ち続け、今なら敵は総崩れになると判断できたときに、我《われ》の部隊を突入させましょう。敵に乗ずべきほどのパニックがまったく観察されないようであれば、我《われ》の突入攻撃は、あきらめましょう。

敵の宿舎の焼き討ちは、ふつうは内通者や潜入挺身《ていしん》隊を使い、内部より発火させるものなのですが、状況により、かんたんに外部から火を掛けられる場合があります。そのような好条件があるならば、内部と呼応《こおう》することにはとらわれないで、先に外部から放火してしまいましょう。

風上で大火災が生じているときには、その風下から攻めてはいけません。

兵頭いわく

その熱気だけでなく、煙で視野が覆われることでも、不利に陥るからです。さなきだに、矢戦ではなるだけ風下には占位しないのが常識です。これは、誰かが念のために付加した一文でしょう。

ご参考までに……。今日の軍隊が、余った火薬類（たとえば迫撃砲や榴弾《りゅうだん》砲の発射薬。特定の弾道を得るために装薬《そうやく》の号数を変えるので、使用されない余りが出る）を野焼き処分する場合には、必ず風下から着火します。もし風上から着火すると、急激に制御不能な大火事に発展しかねないからです。

昼間の風は、長く持続します。夜の風は、すぐに止みます。

兵頭いわく

コミック『ヘクトパスカルズ』の原作者として言わせてもらうと、これはあまりアテにならぬ格言です。もし低気圧が通過するならば、風力や風向の推移は、昼か夜かには無関係です。

一般に言えることは、日の出前後の大気はいちばん安定する、ということぐらいでしょうか。

天気にかんする古諺《こげん》は、ローカル性が強いものが多いでしょう。

火攻めの方法をよく知っていれば、敵がその方法を使ってきたときに、あるいは失火《しっか》があったときに、我《われ》の部隊がいかにその害を防ぎとめるかの策も分かります。ぬかりなく手配をしておきなさい。

火攻めは、ずるがしこい者がラクに勝つための常套《じょうとう》技術です。水攻めは、大権力者にしかできない大作業です。

水攻めは、敵の交通連絡を断って、敵国人に屈服を迫ります。それにたいし、焼夷《しょうい》攻撃の効能は、敵の生命財産を即時に滅消《めつしょう》させてしまうことです。これは、たしかに水攻めでは達成できないでしょう。

しかし、戦争をして、敵国からめぼしい物料をほとんど取りおさめることができなかったなら、いったい何になるのでしょうか。それでは、「身上《しんしょう》をすり減らして、くたびれ儲け」とかいうものではないですか。

自国の得にならぬ遠征は、しないことです。

誰の得にもならない戦法は、採用を控えることです。

このままでは外部の敵性勢力のために自国が危《あや》うくされる、との判断をしたのでなければ、遠征戦争を発起すべきではありません。

国家指導者は、特につまらぬ私的な怒りのみを理由にして、新たな戦争を企画してはいけません。

部隊指揮官も、その場かぎりのささいな立腹《りっぷく》から、合戦を企画したり放火戦術を許可してはなりません。

あくまで、国益にかなった事業をなし、また職務をはたすべきであり、国益を損ねると見積もられたら、何であれ、止《や》めるべきなのです。

一瞬の憤怒《ふんぬ》の激情も、いずれのときにかはまた、よろこびの感情がとってかわるでしょう。

しかし、ひとたび自爆して自滅した国は、いつ再建されることなどあるでしょうか？

一回死んでしまった兵卒や住民は、いつ、亡《うしな》った生命を取り戻すことがあるでしょうか？

国家指導者層は、これをわきまえ、国を安《やす》んじなさい。

兵頭いわく

この篇の最終ブロックは、火攻めの術とは特に関係がなくなり、むしろ『孫子』13篇の大尾《たいび》（しめくくり）としてもふさわしそうな、格調の高い感動的なものです。

……が、リアリズムの警醒《けいせい》を主眼とする孫子学派ならば、この篇を「用間」篇の後には、配列しないでしょう。

ここで終わってしまえば、それはすぐに、〈人民を愛する義なる君主が立つならば、たといその国が弱小であっても、不義の大国との戦争で負けることはないのだ〉という、後の『孟子』に見られるようなトンデモ説を補強する材料に使われてしまうだろうからです。

国家安全保障に関する知識人のハマりがちな迷信を破砕《はさい》し、病気を予防してやるために、最後に「用間」篇が置かれるわけです。

――「火攻」篇　おわり

第13篇 用間

孫子いわく

何万人もの将兵やら人夫やらを動員する遠征戦争を始めようとすれば、領内の全住民は、徴兵・徴用・徴税でくたびれ、国庫からは日々千金《せんきん》が消えていき、人々は常の耕作も商売もできなくなります。

敵国は何年も前から存在しています。そして、国家が滅亡するような決勝戦はただ一日です。

ならば、どうして普段日頃から、敵国の情報を収集し分析するための優秀な人材を、百金を散《さん》じて雇っておかないのでしょう。それは、遠征戦争の厖大な負担や損失にくらべたなら、いとも安価なものでありましょう。それを怠《おこた》ってもよいと考えるような指導者では、国民を安泰に統治する政府の一員としての資格はないのであります。

また将軍たちも、平時に情報への投資を怠っていれば、戦争に勝てないのですから、はじめから失格です。

軍事行動を開始すればかならず敵性勢力に勝ち、その成果が常に余人《よじん》を凌駕《りょうが》している、そんな政治指導者や軍人がいたら、その人は、きっと事前の情報戦で勝っているのであります。

平時に敵情を知るためには、神様やご先祖様のお告げは役には立ちません。骨や亀甲《きつこう》や鳥獣や筮竹《ぜいちく》にあらわれた兆《きざ》しなども、役に立ちません。「敵はたぶん何万人であろう。我《われ》は何万人を動員できそうだ。だから勝てるだろう」といった演《えん》繹《えき》推理も、ほとんどアテが外れます。

情報は、必ず人から直接に取るようにしなければなりません。

そこで、スパイを活用するのです。

スパイには、いろいろな種類があります。国家は、そのすべてを活用するのです。そしてその全容を、誰にも知られてはならない。そんな芸当ができる国家指導者や将軍は、国家の宝、いや「神」のようなものでしょう。

「因間」とは、縁者《えんじゃ》であるスパイという意味で、「郷間」ともいい、地元民をスパイに仕立てるものです。

「内間」とは、外国のふつうの公務員をわが国のためのスパイに仕立てるものです。

「反間」とは、敵国の情報機関の末端員を、逆にこちらのエージェントに仕立直すものです。

「死間」とは、わが国を裏切って敵に寝返ったように装うスパイで、偽《にせ》情報を敵に信じ込ませるのがその任務です。決死の愛国心がなければ、なかなかできないことです。

「生間」とは、わが国に生きて戻ってきて、いろいろと報告するスパイです。

国軍は、情報機関と、最も密接に連携します。

スパイのために使う資金を、出し惜しんではなりません。

スパイを運用する担当者は、秘密を保てないようでは、どうしようもありません。

万象《ばんしょう》に通じた、いきとどいた人物でなければ、スパイを活用することはできません。

民を安んずるために果断な処置を講ずることのできる政治家でなければ、スパイを活用することはできません。

雑駁《ざつぱく》なキャラクターの人には、スパイを活用することはできません。

情報活動が役に立たないところなど、ありません。ただし、それは秘密でなければならないために、面倒なのです。

もし、まだ味方の一人の担当者にしか話をしていない対敵謀略《ぼうりやく》工作の秘密を、まだ開始前なのになぜか国内の別な人物が知っていることが分かったのなら、使用者は、その担当者も、またその別な人物も、ともに暗殺するようにしなければなりません。

外国の都市の攻略のためであれ、有害な有力者の除去のためであれ、何であれ、軍隊が行動を起こす前には、「相手の守備隊長は誰か」「側近やとりつぎの役人は誰か」「門番は誰か」「宿営所となっている建物の家主は誰か」を、その正確詳細な姓名《せいめい》まで、かならずスパイに命じて、索知《さくち》させておきなさい。

敵の外交官や連絡員や広義のスパイである長期滞在者が、かならず国内でみつかるものです。それを、金銭その他の報酬を示して導き、食客《しょっかく》にしてしまいなさい。彼らを一本釣りした「反間」を活用する機会を、のがしてはなりません。「反間」から情報を得たら、さらに「郷間」や「内間」を使ってその実否を確かめ、またさらに情報をあつめさせましょう。

その上で「死間」にも工作をさせましょう。

そこまで工作が進めば、「生間」の往来も難しくなくなるものです。

こうしたスパイの活動は、国家の指導者がちょくせつに関知していなければなりません。

とにかく、勝利のきっかけは「反間」から得られることが大きいので、「反間」をリクルートし、もてなすのにケチであってはなりません。

――兵頭いわく

「反間」は、敵政府の誰に工作をすれば有効かを教えてくれます。だから、決死工作員（死間）もマトを外しません。

孫子の時代は、まだ人物の行き来そのものがたいへんでした。諸国の言語・風俗からしてまるで違っていたので、すでに他国に入り込んでいて怪しまれていない自国民というのは、それだけでもすこぶる貴重・稀少といえたわけです。交通至便《しべん》の今日では、むしろ「内間」の方が、売国に大いに貢献しているでしょう。

古代のシナには、隣国に常駐する「外交官」がいません。今日、北京大使館に勤務する日本の外交官が中共のスパイとしてとりこまれた場合、『孫子』の当時の想定では、それは「内間」というよりも「反間」になるのでしょう。たしかに「反間」の活躍は一国をほろぼすに足るものです。『孫子』は嘘をついていません。

なお銀雀山竹簡では、「生間」が「因間」より先に出てきますが、流行本では「因間」が最初です。遠征戦争の参考書としては、「因間」から説明してくれるのが、親切でしょう。

太古より、シナにあらたな王朝が勃興するときには、その裏で、知恵のすぐれた大物スパイが活躍していたのであります。あの太公望《たいこうぼう》も、スパイでした。偉大な政治リーダー、賢明な将軍たちだけが、そうした上智《じょうち》の人々にスパイとして働いてもらうことを可能にしました。

上智の人が情報戦争にたずさわれば、大きな国益が約束されたようなものです。

これこそが国防の勘所《かんどころ》です。国軍は、まさにそのような人の工作や分析を頼りに思いながら、動くことができるのであります。

――「用間」篇　おわり

あとがきにかえて――本書（単行本時）の制作経緯等

『孫子』を解説してくれないかという打診は、これまでに数社から、ないでもなかったが、わたくしがその仕事に踏み切る気になれなかったのは、いまどきの人々向けに娯楽性を損ねずに、これが原文ですよといえるものをどうやって提示するかの悩みが大きかった。１９７２年に、いにしえの「齊」の国にあたる銀雀山の漢代の墓から出土した竹簡『孫子』の、破片再現と、エックス線その他の科学的読み取り技術も駆使した最終リポートは、いつリリースされるのかさっぱり分からなかったし、いまでも分からん！　……だが、そんな心配をしていたあいだにも、竹簡孫子の既判明部分をも十分に校合《こうごう》した懇切な和訳解説書が、続々と出版されているらしい。ますます、わたくしごときがいまさら一冊本を書く必要などないなと思っていた。

しかし2007年末に、PHP研究所の学芸出版部から、原文なし、和訳だけという注文を大至急でうけたまわったときに、それなら逆に、面白く突っ込んだ解説が可能になると即断をした。

書くと決まるや、すぐに陋宅《ろうたく》の小さい書棚を捜索した。出てきたのは、服部宇之吉氏校訂の『列子・七書』（清代の孫星衍《そんせいえん》と呉人驥《ごじんき》が編纂した「孫子十家註」を収めた、大正元年刊の冨山房の漢文大系・第13巻。この中に「魏武註」もある）と、早稲田大学編輯《へんしゅう》部編纂の『先哲遺著　漢籍國字解全書　第十巻』（荻生徂徠の「孫子國字解」を収める。明治43年刊）で、いずれも学生時代に古本屋で買い求めていらい、捨てずに残してきたものだ。

与えられた執筆時間は2ヶ月弱。もはやこれ以外の参考書籍を今から買い集めて精読勘考《かんこう》する時間は、函館市在住のわたくしにはありそうになかった。これは天啓である。わたくしは、ただ2冊の古本を交互に読みながら自分の意訳を綴《つづ》ることにした。もちろん金谷治氏註の岩波文庫（新訂は未読）ならば田舎の書店でも確実に手に入っただろう。が、わたくしは、今回の企画に関しては、権威ある定訳から直前に影響を受けることをおそれた。

さらによろこんで告白する。わたくしは最大のインスピレーションを、手持ちの唯一の漢和辞書である大修館書店のコンパクトな『漢語林』（鎌田正・米山寅太郎氏編、昭和62年刊）の語源解説から受けた。拙宅に、もっとぶ厚な字源の本や、諸橋轍次氏の『大漢和辞典』全巻などがあったとしたら、これまたやはり、とうてい本書を締め切りまでに送稿することは不可能となったに違いない。

これら以外の文典（ほとんどが学生時代の摘録《てきろく》メモやコピーの形で手元にストックされているもの）が参考となったところでは、解説文中にその旨を言及してある。

銀雀山漢墓竹簡孫子兵法のテキストについては、インターネットの複数のウェブサイト（たとえば「華夏視野」、２００８年1月24日アクセス）をプリントアウトしたものを参照させていただいた。

既に解読された分の〈銀雀山出土竹簡孫子〉と、西暦１９７２年以前のおよそ１８００年間前後も読み継がれてきた〈魏武註孫子〉のテキストの、いくつかの異同をどう扱うべきかについての、わたくしの考えを略述する。

〈銀雀山竹簡〉とは異なるテキストを曹操（魏武帝）が流行本として編記したところでは、二通りの疑いが可能である。一つは、曹操は、その部分を自分でまったく勝手に無から創作したのかもしれぬ。そしてもう一つ。曹操は、まさにそのように書かれてあった伝存のテキストを、多くの参照異本の中から、撰《えら》んだだけであったのかもしれぬ。

この後者の可能性も小さくなかろうと考える。よってわたくしは、銀雀山の残簡を必ずしもバイブル視はしないで、孫武も一生をかけて集めていたはずの、彼以前の軍事的教訓の伝承について、あれこれと想像してみることに、満47歳の精力を注入した。

『孫子』の抽象的なテキストを読んで、どのような具体的なシチュエーションをおもいうかべるか？　これは、解説者個人の軍事的な経験や、それまでの読書範囲が、大きく関係せざるをえない。「若いときは、これは分からなかった……」との感慨を、わたくしは何度かつぶやいて首を振った。

このたび本書を文庫版に編むにあたっては、いささか删正《さんせい》を施すとともに、巻末に、毛沢東（および鄧小平）の軍隊運用と『孫子』の符号について、一文を添えようかとも考えた。が、下書きを練るうちに、かかる附録はこの偉大な古典の味わいを悪くすると気付き、むしろ冗漫な記事の除去に努めるだけにしたのである。

有益な古典の普及にあらためて良い機会を与えて下さったＰＨＰ文庫の伊藤雄一郎さんには、末筆ながらつつしんで御礼を申し上げたい。

訳者紹介
兵頭二十八（ひょうどう　にそはち）

1960年、長野市生まれ。東京工業大学大学院博士前期課程修了（社会工学専攻）。軍学者。著書・訳書に『人物で読み解く「日本陸海軍」失敗の本質』（PHP文庫。「石原莞爾」を所収）、『［新訳］戦争論』『［新訳］フロンティヌス戦術書』（以上、PHP研究所）、『新解　函館戦争――幕末箱館の海陸戦を一日ごとに再現する』（元就出版社）、『精解　五輪書』（新紀元社）、『「日本国憲法」廃棄論』（草思社文庫）、『予言　日支宗教戦争』（並木書房。第4章に「老子の兵法」を所収）など多数。

この作品は、2008年4月にＰＨＰ研究所より刊行された
『［新訳］孫子』を改題し、加筆・修正したものである。

PHP文庫　新訳 孫子
「戦いの覚悟」を決めたときに読む最初の古典

2015年7月17日　第1版第1刷

訳者　兵頭二十八
発行者　小林成彦
発行所　株式会社ＰＨＰ研究所
東京本部　〒135-8137 江東区豊洲5-6-52
文庫出版部　☎03-3520-9617(編集)
普及一部　☎03-3520-9630(販売)
京都本部　〒601-8411 京都市南区西九条北ノ内町11
PHP INTERFACE　http://www.php.co.jp/
組版　有限会社エヴリ・シンク
印刷所
製本所　共同印刷株式会社

ISBN978-4-569-76382-8

PHP文庫好評既刊

統帥綱領入門

会社の運命を決するものはトップにあり

大橋武夫 著

日本陸軍のバイブルであり、最高機密であった『統帥綱領』。日本人の体質に最も適応したと言うべき〝兵書〟のエッセンスを平易に解説！

定価 本体七〇〇円（税別）

PHP文庫好評既刊

「戦国大名」失敗の研究

政治力の差が明暗を分けた

瀧澤 中 著

「敗れるはずのない者」がなぜ敗れたのか？ 強大な戦国大名の〝政治力〟が失われる過程から、リーダーが犯しがちな失敗の本質を学ぶ！

定価 本体七二〇円（税別）

PHP文庫好評既刊

太平洋戦争の意外なウラ事情

真珠湾攻撃から戦艦「大和」の沖縄特攻まで

太平洋戦争研究会 著

「真珠湾奇襲攻撃」をルーズベルト大統領は本当に知っていたか？ 最新の資料をもとに、太平洋戦争の意外なウラ事情、30に鋭く迫る！

定価 本体五五二円（税別）